中国石油天然气集团有限公司测井专业职称考试辅导用书

测井装备专业（高级）

中国石油集团测井有限公司 ◎ 编

石油工业出版社

内容提要

本书是由中国石油天然气集团有限公司考试中心统一组织编写的中国石油天然气集团有限公司测井专业职称考试辅导用书的一本。内容包括测井装备专业高级职称人员应掌握的基础知识、专业知识，并配套了相应基础和专业知识的考试要点和习题，以便高级职称人员对相应知识点的理解和掌握。本书可用于测井装备专业高级职称人员职称评定前理论知识学习，也可用于专业技术人员岗位培训和自学提高。

图书在版编目（CIP）数据

测井装备专业：高级 / 中国石油集团测井有限公司编. --北京：石油工业出版社，2024.10. --（中国石油天然气集团有限公司测井专业职称考试辅导用书）.
ISBN 978-7-5183-6796-2

Ⅰ. TE151

中国国家版本馆 CIP 数据核字第 2024RU4530 号

测井装备专业（高级）
中国石油集团测井有限公司　编

出版发行：石油工业出版社
　　　　　（北京市朝阳区安华里二区 1 号楼 100011）
网　　址：www.petropub.com
编 辑 部：(010) 64523609　图书营销中心：(010) 64523633
经　　销：全国新华书店
印　　刷：北京九州迅驰传媒文化有限公司

2024 年 10 月第 1 版　2024 年 10 月第 1 次印刷
787 毫米 × 1092 毫米　开本：1/16　印张：13.75
字数：247 千字

定　价：68.00元
（如发现印装质量问题，我社图书营销中心负责调换）
版权所有，翻印必究

中国石油天然气集团有限公司测井专业职称考试辅导用书编委会

主　　任：胡启月
副 主 任：张　宪　方抒睿　高　超　郑海波
委　　员：付　浩　袁庆波　郑春亮　刘继红　王　迪
　　　　　温　旭　完颜红兵　张　蕾　张　萍
　　　　　邱志勇　皇甫鹏洁

《测井装备专业（高级）》编写组

主　　编：张雄辉
编写人员：（以姓氏笔画为序）
　　　　　马世民　刘李春　汤剑敏　李　斌　陈草棠
　　　　　林　涛　樊　举

前 言

为贯彻人才强企工程，健全人才考核评价体系，自 2023 年起中国石油天然气集团有限公司（简称"集团公司"）测井专业高级技术职称评审实施"考评结合"机制。为了更好指导考生学习提升，达到以考促学素质提升的目的，中国石油集团测井有限公司组织编写了"中国石油天然气集团有限公司测井专业职称考试辅导用书"。

丛书围绕测井生产流程，注重内容的通用性与适用性，紧扣测井相关专业应知应会知识和提升解决生产实际疑难问题能力的目的，并配套理论试题，便于对知识点的理解和掌握，加强学习针对性。

丛书包括测井采集专业、测井方法专业、测井评价专业、测井装备专业四个分册。本分册为测井装备专业分册，包括四部分主要内容。其中知识能力要求和考试标准明确了测井装备高级工程师的能力要求和考试标准；基础知识部分包含模拟电路、数字电路及机械基础；专业知识部分包含裸眼井成像测井仪系列、裸眼井常规测井仪系列、特殊测井仪系列、套管井测井仪系列、随钻测井仪系列；练习题包含 500 道配套试题。

丛书既可以作为测井专业高级技术职称考试的复习资料，同时也可以用于测井员工岗位技术培训和自学提高的教材。丛书编写过程中，得到了集团公司考试中心的指导和大力支持，在此表示衷心感谢。

由于编者水平有限，难免有错误及不妥之处，请广大读者提出宝贵意见。

编者
2023 年 6 月

目 录

第一部分 知识能力要求和考试标准 / 1

    一、测井装备专业高级工程师知识能力要求 / 1

    二、测井装备专业高级工程师考试标准 / 2

第二部分 基础知识 / 4

    一、模拟电路 / 4

    二、数字电路 / 18

    三、机械基础 / 29

第三部分 专业知识 / 59

    一、裸眼井成像测井仪系列 / 59

    二、裸眼井常规测井仪系列 / 105

    三、特殊测井仪系列 / 134

    四、套管井测井仪系列 / 142

    五、随钻测井仪系列 / 164

第四部分 练习题 / 170

一、基础知识：模拟电路 / 170

二、基础知识：数字电路 / 174

三、基础知识：机械基础 / 178

四、专业知识：裸眼井成像测井仪系列 / 182

五、专业知识：裸眼井常规测井仪系列 / 195

六、专业知识：特殊测井仪系列 / 203

七、专业知识：套管井测井仪系列 / 207

八、专业知识：随钻测井仪系列 / 211

第一部分

知识能力要求和考试标准

一、测井装备专业高级工程师知识能力要求

（一）基础知识

掌握测井地质、石油工程、测井资料等相关基础理论知识。

熟悉机械原理、液压原理、机械加工、材料力学、公差配合等基础知识。

熟悉模拟电路、数字电路、集成电路基础知识，掌握具体应用技能。特别是DSP数字信号处理器、单片机、CPLD可编程逻辑器件、PSOC片上系统、A/D转换、可编程门阵列（FPGA）等。

熟悉中油测井企业标准《产品图样及设计文件规范》（Q/SY CJ 6004.1—2014）、《装备制造工艺管理规范》（Q/SY CJ 6002.1—2019），掌握产品图样及设计、装备制造工艺管理规范中对完整性、编制、标准化审查及管理方面的要求。

（二）专业知识

熟悉常规、成像、生产测井仪器的工作原理及相关硬件知识。

熟悉测井仪器机械结构，特别是机械强度、承压密封原理等。

掌握测井仪器的基本性能、仪器组成、测井连接、仪器用途、主要技术指标等。

掌握测井仪器拆卸、调试及维修保养知识和技能。

熟悉ERP系统BOM数据管理知识，掌握CNPC物资分类、BOM结构及工艺路线创建和管理要求。

掌握与测井仪器配套的各类仪修仪表等工器具的结构、原理、应用要求。

掌握维保及调试流程，掌握各类仪器专用校验装置的使用方法。

具备解决现场测井应用中或者仪器生产制造过程中技术问题、知识综合应用的能力。

二、测井装备专业高级工程师考试标准

(一) 试卷类型

试卷满分 100 分，题型包括单选题、多选题和判断题。

(二) 答题方式

答题方式为闭卷、计算机答题。

(三) 试卷内容结构

试卷内容结构见表 1-1。

表 1-1　试卷内容结构

知识分类	知识范围	知识内容	比重，%
基础知识 30%	01 模拟电路 40%	01 放大电路分析	40
		02 信号运算处理	30
		03 常用电子元器件	30
	02 数字电路 40%	01 数制和码制	25
		02 逻辑代数基础	10
		03 常用数字器件	30
		04 集成电路	35
	03 机械基础 20%	01 机械原理基本知识、液压原理	40
		02 机械加工工艺与设计原理	30
		03 机械产品设计、工艺管理企业标准及 BOM 数据管理知识	30
专业知识 70%	04 裸眼井成像测井仪系列 40%	01 阵列感应测井仪	30
		02 阵列侧向测井仪	10
		03 微电阻率扫描成像测井仪	20
		04 核磁共振成像测井仪	15
		05 声波成像测井仪	5
		06 多极子声波测井仪	20

续表

知识分类	知识范围	知识内容	比重，%
专业知识 70%	05 裸眼井常规测井仪系列 35%	01 声电常规测井仪器	60
		02 放射性测井仪器	40
专业知识 70%	06 特殊测井仪系列 10%	01 高温小井眼测井仪	30
		02 存储式测井仪	50
		03 地层元素测井仪	20
	07 套管井测井仪系列 10%	01 注产剖面测井	20
		02 储层评价测井	25
		03 工程测井	25
		04 SONDEX 系列测井	30
	08 随钻测井仪系列 5%	01 随钻常规测井系列	50
		02 随钻成像测井系列	50

第二部分

基础知识

一、模拟电路

（一）常用的电子元器件

1. 电阻器的常识

【考试内容】

（1）电阻器的分类

电阻器主要分为固定电阻器、电位器和敏感电阻器三类。固定电阻器的阻值固定无法改变，电位器的阻值可以通过手动调节来改变，而敏感电阻器的阻值会随施加条件（如温度、湿度、压力、光线、磁场、电压和气体）变化而发生改变。

①固定电阻器：

固定电阻器的主要功能有降压、限流、分流和分压。电阻器标称阻值和误差的标注方法主要有直接标注法和色环法（见表2-1）。

表2-1 色环电阻器各色环颜色意义与数值

色环颜色	棕	红	橙	黄	绿	蓝	紫	灰	白	黑	金	银	无色环
有效数环	1	2	3	4	5	6	7	8	9	0			
倍乘数环	10^1	10^2	10^3	10^4	10^5	10^6	10^7	10^8	10^9	10^0			
误差环	±1%	±2%			±0.5%	±0.2%	±0.1%				±5%	±10%	±20%

电阻器的选用主要考虑电阻器的阻值、误差、额定功率和极限电压。

电阻器根据材料构成可以分为碳质电阻器、薄膜电阻器、线绕电阻器和敏感电阻器四大类。

②电位器：

电位器具有阻值可调性，故它可随时调节阻值来改变降压、限流和分流的程度。

③敏感电阻器：

敏感电阻器常用的有热敏、光敏、力敏、湿敏、磁敏电阻器等。

热敏电阻器通常可以分为正温度系数热敏电阻器（PTC）和负温度系数热敏电阻器（NTC）两类。PTC阻值随温度升高而增大，NTC反之。

光敏电阻器是一种对光线敏感的电阻器，当光照变化时，阻值也会随之变化，通常光线越强阻值越小。暗电流、暗电阻、亮电流、亮电阻是在两端加有电压的情况下测量的。

力敏电阻器是一种对压力敏感的电阻器，当施加给它的压力变化时，其阻值也会随之变化。

湿敏电阻器是一种湿度敏感的电阻器，当湿度变化时其阻值也会随之变化。

（2）排阻

排阻是一种将多个电阻器以一定的方式连接起来并封装成多引脚的元器件，具有安装密度高和安装方便等特点，广泛应用在数字电路系统中。

【考试要求】

掌握电阻器的用途、功能、特性，了解电阻器的分类及阻值标注方法。

2. 电容器的常识

【考试内容】

电容器是一种可以存储电荷的元器件，其存储电荷的多少称为电容。相距很近且中间隔有绝缘介质的两块导电极板就构成了电容器。

电容器的主要参数为标称电容、允许误差、额定电压和绝缘电阻。电容器的性质主要为充电、放电、隔直、通交。电容器虽能通交，但也有一定阻碍，称之为容抗。容抗与交流信号的频率、电容有关。

电容器分为有极性（电解电容）和无极性两种，无极性的电容小，但耐压高（陶瓷、云母、薄膜、玻璃、纸介）；有极性的电容大，但耐压较低（铝电解电容、钽电解电容）。

【考试要求】

了解电容器的分类，掌握电容器的用途、功能和特性。

3. 电感器的常识

【考试内容】

电感器是能够把电能转化为磁能而存储起来的元件。将导线在绝缘支架上绕制一定的匝数就构成了电感器。电感器的主要参数有电感量、误差、品质因素和额定电流。电感量的大小主要与线圈绕制的匝数、绕制的方式和磁芯材料等有关，绕制的匝数越多、越密集，电感量就越大。

电感器的主要性质有"通直阻交"和阻碍变化的电流，它对交流信号的阻碍称为感抗，其大小与自身电感量和交流信号的频率有关。只要流过电感器的电流发生过变化（不管增大还是减小），电感器都会产生一个自感电动势，电动势的方向总是阻碍电流的变化。高频扼流圈是一种电感量很小的电感器，常用在高频电路中，主要作用是"阻高频，通低频"。低频扼流圈是一种电感量很大的电感器，常用在低频电路中，主要作用是"通直流，阻交流"。

【考试要求】

了解高频扼流圈及低频扼流圈的特点和作用，掌握电感器的概念、特点、主要参数及性质。

4. 变压器的常识

【考试内容】

两组相距很近又相互绝缘的线圈就构成了变压器。变压器主要由绕组和铁芯组成，与输入信号连接的绕组称为一次绕组（初级线圈），与输出信号连接的绕组称为二次绕组（次级线圈）。变压器是利用电—磁和磁—电转换原理工作的。变压器可以改变交流电压大小，又可以改变交流电流。对于变压器来说，匝数越多的线圈两端电压越高，流过的电流越小。变压器按用途分为电源变压器、音频变压器、脉冲变压器、恒压变压器、自耦变压器和隔离变压器；按工作频率分为低频变压器、中频变压器和高频变压器。

变压器的主要参数有电压比、额定功率、频率特性和效率等。变压器的检测需要检测各绕组的电阻值、绕组间的绝缘阻值以及绕组与铁芯间的绝缘电阻。

【考试要求】

掌握变压器的构成、用途、分类及特点，了解变压器的主要参数及检测方法。

5. 半导体器件的常识

【考试内容】

导电性介于导体和绝缘体之间的材料称为半导体，纯净晶体结构的半导体称为本征半导体。常用的半导体材料有硅和锗。

（1）二极管

二极管是用半导体材料制成的一种电子器件。从含有 PN 结的 P 型半导体和 N 型半导体两端各引出一个电极并封装起来就构成了二极管，P 型半导体连接的电极称为正极或阳极，N 型半导体连接的电极称为负极或阴极。

逻辑符号为：正极 —▷|— 负极。

二极管的特性有正向特性、反向特性和温度特性等。

正向特性：当正向电压低于某一数值时，正向电流很小，只有当正向电压高于某一值时，二极管才有明显的正向电流，这个电压被称为导通电压，又称它为门限电压或死区电压，一般用 U_{ON} 表示，在室温下，硅管的 U_{ON} 为 0.6~0.8V，锗管的 U_{ON} 为 0.1~0.3V，一般认为当正向电压大于 U_{ON} 时，二极管才导通，否则截止。

反向特性：二极管的反向电压一定时，反向电流很小，而且变化不大（反向饱和电流），但反向电压大于某一数值时，反向电流急剧变大，产生击穿。

二极管的常用参数有：最大整流电流 I_F、最大反向工作电压 U_R、反向电流 I_R、最高工作频率 f_M、二极管的直流电阻 R_D、二极管的交流电阻 R_d。

常规二极管正负极的测量：用万用表二极管挡测量，红黑表笔分别测试二极管的两端，当万用表显示数值 100~800 之间，证明二极管导通，此时红表笔接的是正极，黑表笔接的是负极。

稳压二极管是利用二极管的击穿特性。它是因为二极管工作在反向击穿区，反向电流变化很大的情况下，反向电压变化则很小，从而表现出很好的稳压特性。

整流二极管的功能是将交流电转换成直流电，它利用了二极管的单向导电特性。整流电路又分成半波整流和全波整流。

开关二极管：具有导通和截止两种状态，对应着开关的"开"和"关"，反向恢复时间越小，开关速度越快。它广泛应用于开关电路、检波电路、高频和脉冲整流电路及自动化控制电路等。常用的开关二极管有 1N4148、1N4448。

二极管组成的门电路，可实现逻辑运算。只要有一条电路输入为低电平时，输出即为低电平；仅当全部输入为高电平时，输出才为高电平。实现逻辑"与"运算。

肖特基二极管又称肖特基势垒二极管（SBD），是一种低功耗、大电流、超高速的整流二极管，其工作电流可达几千安，而恢复时间可短至几纳秒，故可以用于高频电路。

（2）三极管

三极管是一种双极型晶体管，具有电流放大作用。三极管的工作状态有三种：截止、放大和饱和。

通过工艺的方法，把两个二极管背靠背连接起来即组成了三极管。按 PN 结的组合方式有 PNP 型和 NPN 型。

不管是什么样的三极管，它们均包含三个区：发射区、基区、集电区。同时相应地引出三个电极：发射极（E）、基极（B）、集电极（C）。同时又在两两交界区形成 PN 结，分别是发射结和集电结。

三极管的输出特性可分为三个区（见图 2-1）：

截止区：$I_B \leq 0$ 时，此时的集电极电流近似为零，管子的集电极电压等于电源电压，两个结均反偏。饱和区：此时两个结均处于正向偏置，$U_{CE}=0.3V$。放大区：此时 $I_C=\beta I_B$，I_C 基本不随 U_{CE} 变化而变化，此时发射结正偏，集电结反偏。

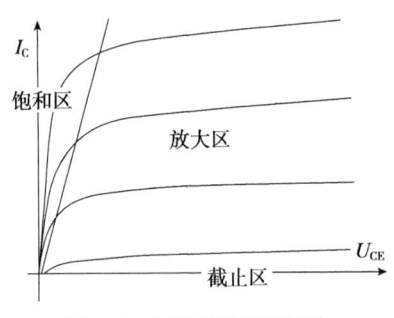

图 2-1 三极管的输出特性

（3）场效应管

场效应管是通过改变输入电压来控制输出电流的，它是电压控制器件，又被称为单极性三极管，它分为结型场效应管（JFET）和绝缘栅场效应管（MOS 管）。

结型场效应管也具有三个电极，它们是栅极（G）、漏极（D）、源极（S）。电路符号中栅极的箭头方向可理解为两个 PN 结的正向导电方向。根据工作特性我们把它分为四个区域，即可变电阻区、放大区、击穿区、截止区。场效应管的输出特性如图 2-2 所示。

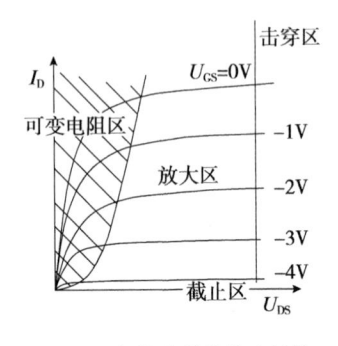

图 2-2 场效应管的输出特性

场效应管流过电流的大小与沟道宽窄有关，沟道越宽，能通过的电流越大。结型场效应管在电路中主要用作放大信号电压。

绝缘栅场效应管也有两种结构形式，它们是 N 沟道型和 P 沟道型。无论什么沟道，它们又分为增强型和耗尽型两种。

增强型 NMOS 管需要加合适的电压才能工作。在 G、S 极之间未加电压时，D、S 极之间没有沟道，$I_D = 0$；当在 G、S 极之间加上合适电压（大于开启电压 U_T）时，D、S 极之间有沟道形成，U_{GS} 电压发生变化时，沟道宽窄会发生变化，I_D 电流也会变化。

耗尽型 NMOS 管，在 G、S 极之间未加电压时，D、S 极之间就有沟道存在，I_D 不为 0；当在 G、S 极之间加上负电压 U_{GS} 时，D、S 极之间有沟道形成，U_{GS} 电压发生变化时，沟道宽窄会发生变化，I_D 电流也会变化。

绝缘栅双极型晶体管（IGBT）是一种由场效应管和三极管组成的复合元件，相当于一个 NPN 型三极管和一个增强型 NMOS 管组合。它有三个极：集电极（C）、栅极（G）和发射极（E）。

（4）晶闸管

晶闸管又称为可控硅，它有三个电极，分别是阳极（A）、阴极（K）和门极（G）。它相当于一个 PNP 型三极管和一个 NPN 型三极管以一定的方式连接而成。晶闸管具有以下性质：

无论 A、K 极之间加什么电压，只要 G、K 极之间没有加正向电压，晶闸管就无法导通。

只有 A、K 极之间加正向电压，并且 G、K 极之间也加一定的正向电压，晶闸管才能导通。

【考试要求】

了解半导体的结构原理、二极管的基本参数特性、三极管的工艺方法、双极性晶体管的特性、晶闸管的性质和用途。

掌握二极管的结构、分类、性质、特点及各种二极管的用途，掌握各种三极管、场效应管、晶闸管的分类、性质、特点及用途。

6. 继电器与霍尔器件

【考试内容】

（1）继电器

继电器是一种电控制器件，按工作原理或结构特征分为电磁继电器和干簧管继电器等诸多品种。

电磁继电器是一种利用线圈通电产生磁场来吸合衔铁而带动触点开关通、断的元器件。

干簧管继电器由干簧管和线圈组成。线圈未加电压时，内部两个簧片不带磁性，处于断开状态；给线圈加电压后，内部两个簧片带磁性，产生吸合，从而两个簧片导通。

（2）霍尔器件

霍尔器件是一种检测磁场的传感器，可以检测磁场的存在和变化。当通有电流的导体或半导体处在磁场中时，在垂直于电流和磁场的方向上会产生电场，该现象称为霍尔效应。

【考试要求】

了解继电器和霍尔器件的结构原理、特性及用途。

（二）放大电路

1. 放大电路分析基础

【考试内容】

放大电路是一种电子电路，其核心功能是将微弱的电信号（如电压、电流或功率）放大到所需的数值，从而使电子设备的终端执行元件（如继电器、仪表、扬声器等）有所动作或显示。

三极管可以通过控制基极的电流来控制集电极的电流，达到放大的目的。放大电路就是利用三极管的这种特性来组成放大电路。

放大器件工作在放大区（三极管的发射结正向偏置，集电结反向偏置）；输入信号能输送至放大器件的输入端（三极管的发射结）；有信号电压输出。判断放大电路是否具有放大作用，就是根据这几点，它们必须同时具备。

直流通路：将放大电路中的电容视为开路，电感视为短路即得，又称静态分析。

交流通路：将放大电路中的电容视为短路，电感视为开路，直流电源视为短路即得，又称动态分析。

直流工作点，又称静态工作点，简称Q点。进行静态分析时，主要是求基极直流电流I_B、集电极直流电流I_C、集电极与发射极间的直流电压U_{CE}。

在使用放大电路时，一般要求输出信号尽可能大，但是它要受到三极管非线性的限制。有时输入信号过大或者工作点选择不恰当，输出电压波形就会失真。这种失真是由三极管的非线性引起的，所以它被称为非线性失真。

当工作点设置过高，在输入信号的正半周，工作状态进入饱和区，此时I_B继续

增大而 I_C 不再随之增大，因此引起 I_C 和 U_{CE} 的波形失真，称为饱和失真。

多级放大电路的耦合方式有三种，即阻容耦合、直接耦合和变压器耦合。

阻容耦合的优点是各级静态工作点相对独立，便于调整；缺点是不能放大变化缓慢（直流）的信号，不便于集成。直接耦合的优点是既能放大交流信号，也能放大直流信号，便于集成；缺点是存在零漂现象。变压器耦合主要用于功率放大电路，它的优点是可变化电压和实现阻抗变换，工作点相对独立；缺点是体积大，不能实现集成化，频率特性差。

通频带宽是指上、下限频率之差。它是表征放大电路对不同频率的输入信号的响应能力。截止频率确定原则是：某电容所确定的截止频率，与该电容所在回路的时常数 τ 呈下述关系，$f=1/(2\pi\tau)$。

【考试要求】

了解放大电路的耦合方式，掌握放大电路的基本概念、特点、基本原理及放电电路分析方法。

2. 负反馈放大电路

【考试内容】

反馈：可描述为将放大电路的输出量（电压或电流）的一部分或全部，通过一定的方式送回放大电路的输入端。有时把引入反馈的放大电路称为闭环放大器，没有引入的称为开环放大器。反馈输入信号能使原来的输入信号减小即为负反馈，反之则为正反馈。

判断的方法是瞬时极性法。先将反馈网络与放大电路的输入端断开，然后设定输入信号有一个正极性的变化，再看反馈回来的量是正极性的还是负极性的，若是负极性，则表示反馈量是削弱输入信号，因此是负反馈；反之则为正反馈。直流反馈常用于稳定直流工作点，交流反馈主要用于放大电路性能的改善。

按输出端取样对象反馈分为电压反馈和电流反馈。按输入端的连接方式，反馈分为串联反馈和并联反馈。

串联电压负反馈是稳定输出电压 U_o。当 U 归为某一固定数值时，由于某些原因使 U_o 减小，则 U_f 也随之减小，这样就使净输入电压增大，因此输出电压也增大，故稳定了输出电压。

串联电流负反馈，是用来稳定输出电流的。由于输出的是电流，反馈回来的是以电压的形式加在输入端的。

并联电压负反馈，输入用电流，输出用电压。并联电流负反馈的输入、输出均用电流。

负反馈可以使放大电路的非线性失真减小，它还可以抑制放大电路自身产生的噪声。负反馈只能减小本级放大器自身产生的非线性失真和自身的噪声，对输入信号存在的非线性失真和噪声，负反馈是不能改变的。

【考试要求】

了解反馈电路的概念、特点，掌握负反馈电路的分类、各种负反馈电路的特点、作用、判断方法及用途。

3. 功率放大电路

【考试内容】

功率放大电路是一种以输出较大功率为目的的放大电路。

按放大电路的频率可分为低频功率放大电路和高频功率放大电路。低频功率放大电路的任务是：向负载提供足够的输出功率；具有较高的效率；同时输出波形的非线性失真的限制在规定的范围内。

功率放大电路的任务是推动负载，因此功率放大电路的重要指标是输出功率，而不是电压放大倍数。功率放大电路工作在大信号的情况时，非线性失真是必须考虑的问题。因此，功率放大电路不能用小信号的等效电路进行分析，而只能用图解法进行分析。

在分析时，把三极管的门限电压看作零，但实际中，门限电压不能为零，这种失真出现在通过零值处，因此它被称为交越失真。克服交越失真的措施是：避开死区电压区，使每一晶体管处于微导通状态，一旦加入输入信号，使其马上进入线性工作区。

【考试要求】

了解功率放大电路的非线性失真，掌握功率放大电路的基本概念、分类、特点及分析方法。

4. 集成运算放大器

【考试内容】

集成运算放大器（简称运放）是一种高电压放大倍数的直接耦合放大器。它工作在放大区时，输入和输出呈线性关系，所以它又被称为线性集成电路。

零点漂移：输入电压为零，输出电压偏离零值的变化，简称零漂。产生零漂的原因是晶体三极管的参数受温度的影响。解决零漂最有效的措施是采用差动电路。

差动放大电路对电路的要求是：两个电路的参数完全对称，两个管子的温度特性也完全对称。

差动电路的差模电压放大倍数等于单管电压的放大倍数。输入端信号之差为0

时，输出为 0；输入端信号之差不为 0 时，就有输出。这被称为差动放大电路。

静态工作点：静态时，输入短路，由于流过电阻 R_e 的电流为 I_{E1} 和 I_{E2} 之和，且电路对称，$I_{E1}=I_{E2}$。

射极耦合差动放大电路，对共模信号抑制，对差模信号放大。

在电路中集成运放作为一个完整的独立的器件来对待，于是在分析、计算时用等效电路来代替集成运放。由于集成运放主要用于频率不高的场合，因此我们只学习低频率时的等效电路。

集成运放的符号如图2-3所示，它有两个输入端和一个输出端。其中：标有⊕的为同相输入端（输出电压的相位与该输入电压的相位相同），标有⊖的为反相输入端（输出电压的相位与该输入电压的相位相反）。

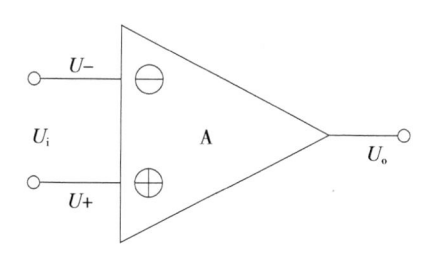

图2-3 集成运放的符号

理想的集成运放指标：开环电压放大倍数无穷大；输入电阻无穷大；输出电阻为0；输入偏置电流为0；共模抑制比无穷大；-3dB带宽无穷大；无干扰、无噪声；失调电压、失调电流及它们的温漂均为0。

集成运放工作在非线性区时的条件是：集成运放在非线性工作区内一般是开环运用或加正反馈。

【考试要求】

了解集成运放的相关基本概念，掌握集成运放的分类、基本原理、性质特点及基本分析方法。

（三）信号运算与处理

1. 比例运算电路

【考试内容】

输入信号按比例放大的电路，称为比例运算电路。

按输入信号加入不同的输入端分为反相比例电路、同相比例电路、差动比例电路，这是集成运算放大电路的三种主要放大形式。

反相比例电路由于存在"虚地",因此它的共模输入电压为零,即它对集成运放的共模抑制比要求低。输入电阻低,$r_i=R_1$,因此对输入信号的负载能力有一定的要求。

同相比例电路输入信号加入同相输入端,同相比例电路的特点:输入电阻高;由于电路的共模输入信号高,因此集成运放的共模抑制比要求高。

差动比例电路输入信号分别加之反相输入端和同相输入端,它实际完成的是对输入两端信号的差运算。

【考试要求】

掌握比例运算电路的定义、分类、特性及基本特点。

2. 积分、微分电路和指数、对数运算电路

【考试内容】

(1) 积分电路

积分电路可实现积分运算及产生三角波形等。积分运算是输出电压与输入电压呈积分关系。积分电路利用电容的充放电来实现积分运算。如果电路输入的电压波形是方形,则产生三角波形输出。

(2) 微分电路

微分是积分的逆运算,微分电路的输出电压与输入电压呈微分关系。微分电路的输入、输出电压的关系为:$U_o=-Ri_f=-Ri_C=-R_C$。

(3) 指数、对数运算电路

利用对数和指数运算以及比例、和差运算电路,可组成乘法或除法运算电路和其他非线性运算电路。

对数运算器就是输出电压与输入电压呈对数函数。我们把反相比例电路中 R_f 用二极管或三级管代替级组成了对数运算电路。

指数运算电路是对数运算的逆运算,将指数运算电路的二极管(三极管)与电阻 R 对换即可。

【考试要求】

了解指数、对数运算电路的概念及特点,掌握积分、微分电路的定义、用途、特性及基本特点。

3. 滤波电路和电压比较器

【考试内容】

(1) 滤波电路

滤波电路的作用:允许规定范围内的信号通过,使规定范围之外的信号不能通过。

按工作频率的不同，滤波电路分为以下四类：低通滤波器，允许低频信号通过，将高频信号衰减；高通滤波器，允许高频信号通过，将低频信号衰减；带通滤波器，允许一定频带范围内的信号通过，将此频带外的信号衰减；带阻滤波器，将某一频带范围内的信号衰减，而允许此频带以外的信号通过。

对于低通有源滤波电路，可以通过改变电阻 R_f 和 R_1 来调节通带电压的放大倍数。将低通滤波电路和高通滤波电路进行不同组合，即可获得带通滤波电路和带阻滤波电路。

（2）电压比较器

电压比较器是对输入信号进行鉴别与比较的电路，是组成非正弦波发生电路的基本单元电路。

电压比较器的功能：比较两个电压的大小（用输出电压的高或低电平，表示两个输入电压的大小关系）。电压比较器可用作模拟电路和数字电路的接口，还可以用作波形产生和变换电路等。把参考电压和输入信号分别接至集成运放的同相和反相输入端，就组成了简单的电压比较器。利用简单电压比较器可将正弦波变为同频率的方波或矩形波。

阈值电压：输出电压从一个电平跳变到另一个电平时对应的输入电压的值。

简单的电压比较器结构简单，灵敏度高，但是抗干扰能力差，因此我们就要对它进行改进。改进后的电压比较器有滞回比较器和窗口比较器。

【考试要求】

了解滤波电路、电压比较器的作用及相关概念，掌握滤波电路、电压比较器的分类、功能作用及组成特点。

4. 波形发生与变换电路

【考试内容】

波形发生电路包含正弦振荡电路和非正弦振荡电路，它们不需要输入信号便能产生各种周期性的波形。波形变换电路是将输入信号的波形变换为另一种形状的波形的电路。

矩形波、锯齿波、三角波等非正弦波，实质是脉冲波形。我们一般用惰性元件电容器 C 和电感器 L 的充放电来实现。它是由积分电路和滞回比较器组成的。积分电路的作用是产生暂态过程，滞回比较器起开关作用，即通过开关的不断闭合，来破坏稳态，产生暂态过程。

用滞回比较器作开关，RC 组成积分电路，即可组成矩形波产生电路。电路是通过电阻器 R 和稳压管对输出电压限幅，如它们的稳压值相等，则电路输出电压正、负幅度对称，再利用数据比较器和积分电路的特性即可得到矩形波。

用集成运放的积分电路代替矩形波产生电路的 RC 电路，略加改进即可形成三角波产生电路。三角波的电容充放电时间相等，若电容的充放电时间不等且相差很大，便产生锯齿波。

正弦波产生电路又称为正弦波振荡器。正弦波产生电路的目的就是使电路产生一定频率和幅度的正弦波，一般是在放大电路中引入正反馈，并创造条件，使其产生稳定可靠的振荡。

正弦波产生电路的基本结构是：引入正反馈的反馈网络和放大电路。其中：接入正反馈是产生振荡的首要条件，它又被称为相位条件；产生振荡必须满足幅度条件；要保证输出波形为单一频率的正弦波，必须具有选频特性；同时它还应具有稳幅特性。因此，正弦波产生电路一般包括：放大电路、反馈网络、选频网络、稳幅电路四个部分。

常见的 RC 正弦波振荡电路是 RC 串并联式正弦波振荡电路，它又被称为文氏桥正弦波振荡电路。串并联网络在此作为选频和反馈网络，它主要用于低频振荡。

要想产生更高频率的正弦信号，一般采用 LC 正弦波振荡电路。石英振荡器的特点是其振荡频率特别稳定，它常用于振荡频率高度稳定的场合。

【考试要求】

了解各种波形产生的原理，掌握振荡电路的原理、特点及应用。

5. 电源电路

电源电路一般可分为开关电源电路、稳压电源电路、稳流电源电路、功率电源电路、逆变电源电路、DC-DC 电源电路、保护电源电路等。

（1）线性稳压电源

【考试内容】

典型的线性稳压电源：市电经过工频变压器（电源变压器）后，得到电压较低的交流电，再经过整流、滤波及后一级的稳压电路，得到性能参数符合要求的直流输出电压。

整流电路：从变压器输出的交流电压需要通过整流处理，整流电路通常是根据二极管的单向导电性来实现的，一般由整流桥进行半波整流或全波整流。

滤波部分：为了减少整流后直流电压的脉动部分，滤波电路是必不可少的。电源滤波器由电感和电容以一定方式组成，分为 Γ 型滤波器和 π 型滤波器。经过滤波器滤波后即可得到一个较为平滑的直流电压。

稳压电路：滤波后的直流电压还需要一个稳压电路来维持电压的稳定输出，

稳压电路部分一般由稳压型器件（稳压二极管、晶体三极管、稳压集成电路等）组成。

保护电路：在供电电路产生异常时（负载短路或输出电流过大等），需要在电源电压输出端加入电源保护电路，一般由输出端短路保护、输出端限流保护、输入端过欠压保护等组成。

【考试要求】

掌握线性稳压电源的组成及各部分电路的功能作用和基本特性、原理。

（2）开关电源

【考试内容】

开关电源的主要电路由输入电磁干扰滤波器（EMI）、整流滤波电路、功率变换电路、PWM控制器电路、输出整流滤波电路组成。辅助电路有输入过欠压保护电路、输出过欠压保护电路、输出过流保护电路、输出短路保护电路等。

① AC输入整流滤波电路：

输入滤波电路：由电容器C和电感器L组成的双π型滤波网络主要是对输入电源的电磁噪声及杂波信号进行抑制，防止对电源干扰，同时也防止电源本身产生的高频杂波对电网干扰。当电源开启瞬间，要对C充电，由于瞬间电流大，加RT1（热敏电阻）就能有效防止浪涌电流。因瞬时能量全消耗在RT1电阻上，经过一定时间，温度升高后RT1阻值减小（RT1是负温系数元件），这时它消耗的能量非常小，后级电路可正常工作。

整流滤波电路：交流电压经BRG1整流后，经C滤波后得到较为纯净的直流电压。若C容量变小，输出的交流纹波将增大。

② DC输入滤波电路：

输入滤波电路：双π型滤波网络主要是对输入电源的电磁噪声及杂波信号进行抑制，防止对电源干扰，同时也防止电源本身产生的高频杂波对电网干扰。C3、C4为安规电容，L2、L3为差模电感。

抗浪涌电路：在启机的瞬间电流在RT1上产生的压降增大，Q1导通使Q2没有栅极电压不导通，RT1将会在很短的时间烧毁，以保护后级电路。

③功率变换电路：

目前应用最广泛的绝缘栅场效应管是MOSFET（MOS管），是利用半导体表面的电声效应进行工作的，也称为表面场效应器件。由于它的栅极处于不导电状态，所以输入电阻可以大大提高，最高可达 $10^5\Omega$，MOS管是利用栅源电压的大小，来改变半导体表面感应电荷的多少，从而控制漏极电流的大小。

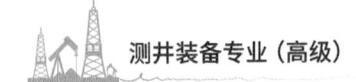

④输出过压保护电路：

输出过压保护电路的作用是：当输出电压超过设计值时，把输出电压限定在一安全值的范围内。当开关电源内部稳压环路出现故障或者由于用户操作不当引起输出过压现象时，过压保护电路进行保护以防止损坏后级用电设备。

【考试要求】

掌握开关电源的组成及各部分电路的功能作用和基本特性、原理。

二、数字电路

（一）数制与编码

1. 数制

【考试内容】

进位计数制：把数划分为不同的位数，逐位累加，加到一定数量之后，再从零开始，同时向高位进位。进位计数制有三个要素：数符、进位规律和进位基数。

常用的进位计数制有二进制（B）、八进制（O）、十进制（D）和十六进制（H）。

其他进制转换为十进制方法是：将其他进制按位权展开，然后各项相加，就得到相应的十进制数。

例如，$N=(10110.101)_B=(?)_D$，按位权展开：

$N=1×2^4+0×2^3+1×2^2+1×2^1+0×2^0+1×2^{-1}+0×2^{-2}+1×2^{-3}$

　　$=16+4+2+0.5+0.125=(22.625)_D$

将十进制转换成其他进制方法是：分两部分进行，即整数部分和小数部分。

整数部分（基数除法）：

把要转换的数除以新的进制的基数，把余数作为新进制的最低位；把上一次得的商再除以新的进制基数，把余数作为新进制的次低位；继续上一步，直到最后的商为零，这时的余数就是新进制的最高位。

小数部分（基数乘法）：

把要转换数的小数部分乘以新进制的基数，把得到的整数部分作为新进制小数部分的最高位；把上一步得的小数部分再乘以新进制的基数，把整数部分作为新进制小数部分的次高位；继续上一步，直到小数部分变成零为止，或者达到预定的要求也可以。

例如，$N=(68.125)_D=(?)_O$：

```
         整数部分              小数部分
       8 | 68   ----4          0.125
       8 |  8   ----0        *     8
            1              1.0 ---- 1
```

$(68.125)_D = (104.1)_O$

二进制转换为八进制、十六进制：它们之间满足 2^3 和 2^4 的关系，因此把要转换的二进制从低位到高位每 3 位或 4 位分为一组，高位不足时在有效位前面添"0"，然后把每组二进制数转换成八进制或十六进制即可。八进制、十六进制转换为二进制：把上面的过程逆过来即可。

二进制也可以进行四则运算，它的运算规则如下：

加运算：0+0=0，0+1=1，1+0=1，1+1=10（逢 2 进 1）。

减运算：1-1=0，1-0=1，0-0=0，10-1=1（向高位借 1 当 2）。

乘运算：0×0=0，0×1=0，1×0=0，1×1=1。

除运算：二进制只有两个数（0，1），因此它的商是 1 或 0。

数的表示形式，一般都是把正数前面加一个"+"，负数前面加一个"-"，但是在数字设备中，机器是不认识这些的，我们就把"+"用"0"表示，"-"用"1"表示。一般以数的原码、反码和补码三种形式表示（见表 2-2）。

表 2-2 数的表示形式

项目	真值	原码	反码	补码
正数	+X	0X	0X	0X
负数	-X	1X	$(2^n-1)+X$	2^n+X

【考试要求】

了解数制的概念，了解原码、反码及补码的表示形式，掌握数制间的转换方法及二进制的计算方法。

2. 编码

【考试内容】

指定某一组二进制数去代表某一指定的信息，就称为编码。把某一组二进制代码的特定含义译出的过程叫译码。

用二进制码表示的十进制数，称为 BCD 码。它具有二进制的形式，还具有十进制的特点，它可作为人们与数字系统联系的一种中间表示。BCD 码分为有权码和无权码。

有权 BCD 码：每一位十进制数符均用一组四位二进制码来表示，而且二进制码的每一位都有固定权值。

19

无权 BCD 码：二进制码中每一位都没有固定的权值。

在数据的存取、运算和传送过程中，难免会发生错误，把"1"错成"0"或把"0"错成"1"。奇偶校验码是一种能检验这种错误的代码，它分为两部分：信息位和奇偶校验位。有奇数个"1"称为奇校验，有偶数个"1"则称为偶校验。

编码器：因为 n 位二进制数码有 2^n 种状态，所以它可代表 2^n 组信息。编码过程中一般采用编码矩阵和编码表，编码矩阵就是在卡诺图上指定每一方格代表某一自然数，把这些自然数填入相应的方格。

译码器：编码的逆过程就是译码，译码就是把代码译为一定的输出信号，以表示它的原意，实现译码的电路就是译码器。二进制译码器是一种最简单的变量译码器，它的输出端全是最小项。

【考试要求】

了解编码、译码、卡诺图、有权码、无权码、编码器及译码器的相关概念、特点及术语。

（二）逻辑运算与门电路

用逻辑语言描述的条件称为逻辑命题，其中的每个逻辑条件都称为逻辑变量，一般用字母 A、B、C、D……表示。把逻辑变量写成函数的形式称为逻辑函数。

1. 逻辑运算

【考试内容】

因为逻辑变量只有 0 或 1 两种取值，所以可以用一种表格来描述逻辑函数的真假关系，这种表格称为真值表。

三种基本的逻辑运算："与""或""非"。常用的复合逻辑有三种："与非""或非""与或非"。

"异或"逻辑指输入二变量相异时输出为"1"，相同时输出为"0"。"同或"逻辑指输入二变量相同时输出为"1"，相异时输出为"0"。

逻辑的输入端取值也不相同。输入为正称为正逻辑，输入为负的称为负逻辑。因为在逻辑电路中，大多采用硅管，用的是正电源，所以一般采用正逻辑。

【考试要求】

掌握逻辑运算的分类、特点及逻辑表达式，了解逻辑运算结果。

2. 门电路

【考试内容】

集成逻辑门电路分为两种，即双极型集成电路和单极型集成电路。双极型集成电路分为 DTL 集成逻辑和 TTL 集成逻辑；单极型集成电路分为一般 MOS 逻辑和互补 MOS 逻辑（CMOS）。

双极型集成电路的特点是：工作速度高，易于做成大规模集成电路，功耗低等。TTL 集电极开路门（OC 门）的特点是能实现"线与"功能，可以节省门数，减少输出门的级数，它可应用在数据总线上。每个 OC 门只要有一个输入端为低电平，OC 门的输出就为高电平。三态门的特点是输出端除了高电平、低电平两种状态外还有第三种状态：高阻状态或禁止状态。

单极型集成电路的特点是：高、低电平都很理想；功耗很低，近似为 0，任意时刻都有一个关闭；抗干扰能力强；兼容性强。

【考试要求】

了解集成逻辑门电路的分类，了解单极型集成电路、双极型集成电路及三态门的特点。

3. 布尔代数与卡诺图

【考试内容】

逻辑函数化简的基本原则：逻辑电路所用的门最少；各个门的输入端要少；逻辑电路所用的级数要少；逻辑电路要能可靠地工作。

逻辑函数的表达式可分为五种："与或"表达式，"或与"表达式，"与非"表达式，"或非"表达式，"与或非"表达式。

（1）布尔代数的基本规则

在布尔代数中把逻辑矛盾的一方假定为"0"，另一方假定为"1"，这样就把逻辑问题数字化了。逻辑函数的化简也就是运用布尔代数的性质来进行化简。

代入法则：可描述为逻辑代数式中的任何变量 A，都可用另一个函数 Z 代替，等式仍然成止。

对偶法则：可描述为对任何一个逻辑表达式 F，如果将其中的"+"换成"×"，"×"换成"+"，"1"换成"0"，"0"换成"1"，仍保持原来的逻辑优先级，则可得到原函数 F 的对偶式 G，而且 F 与 G 互为对偶式。

由原函数求反函数就称为反演（利用摩根定律），可以把反演法则这样描述：将原函数 F 中的"×"换成"+"，"+"换成"×"，"0"换成"1"，"1"换成"0"，原变量换成反变量，反变量换成原变量，长非号（两个或两个以上变量的非号）不变，就得到原函数的反函数。

（2）卡诺图

卡诺图化简的基本原理：凡两个逻辑相邻项，可合并为一项，其合并的逻辑函

数是保留相同的、消去相异的变量。

卡诺图的结构：每一个最小项用一个方格表示，逻辑相邻的项几何位置上也相邻，卡诺图每方格取值按循环码排列。

卡诺图中的最小项的合并规律：2^1 个相邻项合并时消去一个变量，2^2 个相邻项合并时消去两个变量，以此类推，2^n 个相邻项合并时消去 n 个变量。相邻项的性质是：具有公共边、对折重合、循环相邻。

（3）组合逻辑电路

对组合逻辑电路的分析分以下几个步骤：

①由给定的逻辑电路图写出输出端的逻辑表达式。

②列出真值表。

③通过真值表概括出逻辑功能，看原电路是不是最理想，若不是，则对其进行改进。

电路设计的任务就是根据功能设计电路，一般按如下步骤进行：

①逻辑命题换为真值表。

②逻辑函数进行化简，化简的形式则根据所选用的逻辑门来决定。

③根据化简结果和所选定的门电路，画出逻辑电路图。

常用组合逻辑的种类很多，主要有全加器、译码器、编码器、多路选择器等。在数字系统中算术运算都是利用加法进行的，因此加法器是数字系统中最基本的运算单元。由于二进制运算可以用逻辑运算来表示，因此可以用逻辑设计的方法来设计运算电路。

加法器是数字系统中最基本的逻辑器件，它的应用很广。它可用于二进制的减法运算，乘法运算，BCD 码的加、减法，码组变换，数码比较等。

【考试要求】

掌握布尔代数的性质、基本规则，掌握卡诺图的结构、原理和合并项的基本规则，掌握门电路实现逻辑函数的方法，了解组合逻辑化简的步骤，了解逻辑电路设计的步骤及加法器在数字系统中的应用。

（三）常用数字器件

1.时序电路和触发器

【考试内容】

（1）时序电路

时序电路的特点是任何时刻产生的稳定输出信号不仅与该时刻输入信号有关而

且与它过去的状态有关，因此它是具有记忆功能的电子器件。它分为同步时序电路和异步时序电路。

同步时序电路的状态只在统一的信号脉冲控制下才同时变化一次，如果信号脉冲没有到来，即使输入信号发生变化，电路的状态仍不改变。异步时序电路的状态变化不是同时发生的，它没有统一的信号脉冲（时钟脉冲用CP表示），输入信号的变化就能引起状态的变化。

一般用 $Q_n(t)$ 表示现态函数，用 $Q_{n+1}(t)$ 表示次态函数。它们统称为状态函数，一个时序电路的主要特征是由状态函数给出的。

（2）触发器

时序电路中记忆功能是靠触发器来实现的，因此设计和分析时序电路的对象就是触发器。描述时序电路时通常使用状态表和状态图，分析时序电路的方法通常是比较相邻的两种状态（现态和次态）。

常用的触发器有：R-S触发器、D触发器、T触发器和JK触发器。

触发器在应用中，CP脉冲期间控制端的输入信号发生变化或CP脉冲过宽，有时会使触发器存在空翻和振荡现象，它破坏了触发器的平衡。

【考试要求】

掌握时序电路和触发器的功能状态、分类和特点，了解R-S触发器、D触发器、T触发器和JK触发器的状态表。

2. 计数器、寄存器、序列发生器及定时器

【考试内容】

（1）计数器

累计输入脉冲的个数的逻辑电路称为计数器。它的作用有：累计输入脉冲的个数；对输入脉冲信号进行分频；构成其他时序电路。

模为2的同步计数器称为二进制计数器，它的特点是没有多余状态，触发器的利用率高。它通常采用自然二进制编码。

非 2^n 进制计数器，由于这种进制不是2的倍数，所以存在着多余状态，在设计中应把这些多余状态作无关项来考虑。在实际中用的最多的是十进制计数器，它需要四个触发器。

（2）寄存器

寄存器与移位寄存器是数字系统中常见的部件，寄存器是用来存入二进制代码的；移位寄存器除具有寄存器的功能外，还能将数码移位。寄存器中用的记忆部件是触发器，每个触发器只能存一位二进制码。

移位寄存器具有数码寄存和移位两个功能，在移位脉冲的作用下，数码如向左移一位，则称为左移，反之称为右移。移位寄存器具有单向移位功能的称为单向移位寄存器，既可向左移也可向右移的称为双向移位寄存器。

T454是一种用途广泛的集成移位寄存器，它是由四个R-S触发器和一些门电路组成的四位双向移位寄存器。

移位计数器就是指以移位寄存器为主体构成的同步计数器。它的设计方法与同步计数器基本相同，不同的是它的状态受移位关系的约束，因此它的状态不能任意指定。

（3）序列信号发生器

移位型序列信号发生器是由移位寄存器和组合电路两部分构成，组合电路的输出，作为移位寄存器的串行输入。由 n 位移位寄存器构成的序列信号发生器所产生的序列信号的最大长度为：$P=2n$。

计数型序列信号发生器能产生多组序列信号，这是移位型发生器所没有的功能。计数型序列信号发生器是由计数器和组合电路构成的，序列的长度 P 就是计数器的模数。

（4）定时器

555定时电路有TTL集成定时电路和CMOS集成定时电路，由三个$5k\Omega$电阻分压器、两个高精度电压比较器、一个基本R-S触发器、一个作为放电通路的管子及输出驱动电路组成。

【考试要求】

掌握计数器、寄存器、移位寄存器、序列信号发生器及定时器的组成、特点和功能用途。

3. 多谐振荡器和施密特电路

【考试内容】

时钟脉冲是数字系统中一个非常重要的因素。形成脉冲的电路是利用惰性元件（电容C或电感L）的充放电现象。脉冲电路是由惰性电路和开关两部分组成。开关的作用是破坏稳态，使电路出现暂态。

单稳态电路只有一个稳定状态。在外界触发脉冲的作用下，电路从稳态翻转到暂态，在暂态维持一段时间之后，又返回稳态，并在输出端产生一个矩形脉冲。

多谐振荡器的工作特点是：电路不具有稳定状态，但是具有两个暂稳态；不需外加触发信号，电路就能自动产生矩形波的输出；电路工作就是在两个暂稳态之间来回转换。它的用途是：产生定量的矩形脉冲。

将 555 定时电路中的 2、6 引脚连接,就构成了施密特电路,它的工作特点是:有两个稳定状态,但是这两个稳定状态要靠输入信号来维持,而且转换也要靠输入信号的转换来实现,输出电压和输入电压具有迂回特性,抗干扰能力强。施密特电路的用途是:整形,将不好的矩形波变为较好的矩形波;波形转换,将三角波、正弦波和其他波形转换为矩形波;转换后的输出波形与输入波形相同;幅度鉴别,可以将输入信号中的幅度大于某一数值的信号检测出来。

【考试要求】

了解时钟脉冲产生的原理,掌握多谐振荡器和施密特电路组成部分及各部分的功能作用,掌握施密特电路特点及用途。

4. DAC 与 ADC

【考试内容】

模拟量是不能直接送入数字计算机里进行处理的,必须先把这些模拟量转换成数字信号,再送入数字系统中进行处理,处理完之后,把处理完的数字信号转换为模拟量,再送去控制元件去执行。

DAC(数模转换器)的任务就是将输入数字信号转换为与输入数字量成正比的输出模拟电流 I_o 或电压 U_o。

ADC(模数转换器)就是将模拟信号转换为数字信号的器件。ADC 通常由两部分组成:采样、保持电路和量化、编码电路。其中量化、编码电路是最核心的部件,任何 ADC 都必须包含这种电路。

ADC 的形式很多,通常可以并为两类:间接法和直接法。

间接法:将采样、保持的模拟信号先转换成与模拟量成正比的时间或频率,再把它转换为数字量。间接法通常采用时钟脉冲计数器,它又被称为计数器式。它的工作特点是:工作速度低,转换精度高,抗干扰能力强。

直接法:通过基准电压与采样保持信号进行比较,从而转换为数字量。它的工作特点是:工作速度高,转换精度容易保证。

【考试要求】

掌握 DAC 和 ADC 的组成、特点及功能作用。

(四)数字集成电路

数字集成电路是将元器件和连线集成于同一半导体芯片上而制成的数字逻辑电路或系统,是用于处理数字信号的集成电路。

1. ROM 及其应用

【考试内容】

在数字系统中，用来存储信息的器件被称为存储器。存储器由许多存储单元组成，每个存储单元可存放一位二进制数。通常一个二进制代码由若干位二进制数组成，我们称这样的二进制代码为一个字，它所包含的二进制数的位数称为字长。存储器的容量是字数与字长的乘积，这也是存储器中包含存储单元的总数。

只读存储器 ROM 在数字系统中的应用十分广泛。在使用时，它只能读出信息，而无法写入信息。

ROM 的电路结构包含三个主要部分：存储矩阵，它由许多存储单元排列而成，而且每个存储单元都被编为一个地址（地址变量）；地址译码器，它将输入的地址变量译成相应的地址控制信号，该控制信号可将某存储单元从存储矩阵中选出来，并将存储在该单元的信息送至输出缓冲器；输出缓冲器，它作为输出驱动器和实现输出的三态控制。

【考试要求】

了解 ROM 的相关概念，掌握 ROM 的特点、组成及各部分的作用。

2. PLA 及其应用

【考试内容】

在使用 ROM 时，由于它的地址译码器是固定的，因此不能对函数进行化简，从而多占了 ROM 芯片的面积。为了解决这个问题，我们就使用可以对函数进行化简的器件 PLA。

PLA 是能够编程的逻辑器件。它能够对逻辑"与""或"阵列进行编程，利用 PLA，可以很方便地实现组合逻辑和时序逻辑。

PLA 的与阵列、或阵列均可编程的功能使其可用来规划多样化的逻辑函数，以满足不同应用场景需求，PLA 可以广泛应用在数字电路、超大规模集成电路设计领域。

PLA 的优点在于可编程程度高，能够按照客户要求实现多样化逻辑函数，使用灵活性高。但 PLA 也存在缺点：功能集成度有限，PLA 信号传输延时较长，电路工作速度较低，应用领域存在一定限制。

【考试要求】

了解 PLA 的特点、用途及其优、缺点。

3. CPLD、FPGA 与 DSP 的应用

【考试内容】

CPLD（复杂可编程逻辑器件）采用 CMOS EPROM、EEPROM、快闪存储器和

SRAM等编程技术，从而构成了高密度、高速度和低功耗的可编程逻辑器件。CPLD的结构是一种与阵列可编程、或阵列固定的与或阵列形式，它包含了三种结构：可编程逻辑宏单元、可编程I/O单元、可编程内部连线。

FPGA（现场可编程门阵列）是新一代面向用户的可编程逻辑器件，由逻辑单元阵列、I/O单元、互联资源三部分组成，用硬件实现数据处理。FPGA器件属于专用集成电路中的一种半定制电路，是可编程的逻辑列阵，能够有效解决原有的器件门电路数较少的问题。FPGA的基本结构包括可编程输入输出单元、可配置逻辑块、数字时钟管理模块、嵌入式块RAM、布线资源、内嵌专用硬核、底层内嵌功能单元。由于FPGA具有布线资源丰富、可重复编程和集成度高、投资较低的特点，在数字电路设计领域得到了广泛的应用。

CPLD和FPGA的主要区别是它们的系统结构。CPLD是一个有点限制性的结构。这个结构由一个或者多个可编辑的结果之和的逻辑组列和一些相对少量的锁定的寄存器组成。这样的结果是缺乏编辑灵活性，但是却有可以预计的延迟时间和逻辑单元对连接单元高比率的优点。而FPGA有很多的连接单元，这样虽然可以更加灵活地编辑，但是结构却复杂得多。

CPLD和FPGA另外一个区别是大多数的FPGA含有高层次的内置模块（比如加法器和乘法器）和内置记忆体，因此很多新的FPGA支持完全或者部分的系统内重新配置，允许它们的设计随着系统升级或者动态重新配置而改变。一些FPGA可以让设备的一部分重新编辑而其他部分继续正常运行。

DSP（Digital Signal Processing）即数字信号处理技术，DSP芯片指能够实现数字信号处理技术的芯片。DSP最大的特点是内部有专用的硬件乘法器和哈佛总线结构，对大量的数字信号处理速度快，其实时运行速度可达每秒数以千万条复杂指令程序，远远超过通用处理器，用软件实现数据处理。

根据数字信号处理的要求，DSP芯片一般具有如下一些主要特点：在一个指令周期内可完成一次乘法和一次加法；程序和数据空间分开，可以同时访问指令和数据；片内具有快速RAM，通常可通过独立的数据总线在两块中同时访问；具有低开销或无开销循环及跳转的硬件支持；快速的中断处理和硬件I/O支持；具有在单周期内操作的多个硬件地址产生器；可以并行执行多个操作；支持流水线操作，使取指、译码和执行等操作可以重叠执行。

与通用微处理器相比，DSP芯片的其他通用功能相对较弱，常用于数字信号滤波、傅里叶变换、谱分析、语音信号处理、图像信号处理、振动信号处理等多领域。

DSP 芯片优点为：大规模集成性，稳定性好，精度高，可编程性，高速性能，可嵌入性，接口和集成方便。DSP 芯片缺点为：成本较高，高频时钟的高频干扰，功率消耗较大等。

DSP 通常用于运算密集型，FPGA 用于控制密集型。DSP 与 FPGA 关系：DSP 侧重于核心算法处理，FPGA 侧重于外围控制处理；DSP 内是用 C 语言编写，语言执行是串行处理，效率比较低，FPGA 侧重于并行处理，效率较高，还有交合逻辑（外围接口、通信等）。

片上系统（System on a chip，SoC）指的是在单个芯片上集成一个完整的系统，对所有或部分必要的电子电路进行包分组的技术。所谓完整的系统一般包括中央处理器（CPU）、存储器及外围电路等。SoC 是与其他技术并行发展的，如绝缘硅（SOI），它可以提供增强的时钟频率，从而降低微芯片的功耗。

SoC 定义的基本内容主要在两方面：其一是它的构成，其二是它的形成过程。系统级芯片的构成可以是系统级芯片控制逻辑模块、微处理器/微控制器 CPU 内核模块、数字信号处理器 DSP 模块、嵌入的存储器模块、外部进行通信的接口模块、含有 ADC/DAC 的模拟前端模块、电源提供和功耗管理模块。

SoC 有两个显著的特点：一是硬件规模庞大，通常基于 IP 设计模式；二是软件比重大，需要进行软硬件协同设计。通过软件系统和硬件系统的集成可以降低耗电量、减少体积、增加系统功能、提高速度、节省成本。

【考试要求】

了解 CPLD、FPGA、DSP、SoC 的特点、区别、用途及优、缺点。

4. 单片机

【考试内容】

单片机（Single-Chip Microcomputer）是一种集成电路芯片，是采用超大规模集成电路技术把具有数据处理能力的中央处理器 CPU、随机存储器 RAM、只读存储器 ROM、多种 I/O 口和中断系统、定时器/计数器等功能（可能还包括显示驱动电路、脉宽调制电路、模拟多路转换器、ADC 等电路）集成到一块硅片上构成的一个小而完善的微型计算机系统，在工业控制领域广泛应用。

单片机又称单片微控制器，它不是完成某一个逻辑功能的芯片，而是把一个计算机系统集成到一个芯片上，相当于一个微型的计算机。和计算机相比，单片机只缺少了 I/O 设备。

在单片机中主要包含 CPU、ROM 和 RAM 等，多样化数据采集与控制系统能够让单片机完成各项复杂的运算，无论是对运算符号进行控制，还是对系统下达运算指令都能通过单片机完成。通过集成电路技术的应用，将数据运算与处理能力集成到芯片中，实现对数据的高速化处理。

MCS-51单片机的逻辑部件，包括一个8位CPU及片内振荡器、80514B掩膜ROM/87514KBEPROM/8031无ROM、特殊功能寄存器SFR128BRAM、定时器/计数器T0及T1、并行I/O接口P0、P1、P2、P3、串行接口TXD、RXD，中断系统INT0、INT1。

MCS-51单片机基本功能：8位数据总线，16位地址总线的CPU；具有布尔处理能力和位处理能力；采用哈佛结构，程序存储器与数据存储器地址空间各自独立，便于程序设计；相同地址的64KB程序存储器和64KB数据存储器；0～8KB片内程序存储器（8031无，8051有4KB，8052有8KB）；128字节片内数据存储器（8051有256字节）；32根双向并可以按位寻址的I/O线；两个16位定时/计数器（8052有3个）；一个全双工的串行I/O接口；多个中断源的中断结构，具有两个中断优先级；片内时钟振荡器。

单片机的特点可归纳为以下几个方面：集成度高；存储容量大；外部扩展能力强；控制功能强。

【考试要求】

了解单片机的概念、组成、硬件特征、基本功能及MCS-51系列单片机的组成和特点。

三、机械基础

（一）机械原理基本知识、材料力学知识和液压原理

1. 机械原理基础知识

【考试内容】

（1）机构的组成

构件：零件是构成机械产品的最小单元，也是制造机械产品的最小单元。这些刚性地连接在一起的零件共同组成一个独立的运动单元体。每一个独立的运动单元体称为一个构件。

运动副：根据构成运动副的两构件的接触情况分低副和高副（见图2-4、图2-5）。运动副既要保持直接接触，又能产生相对移动。

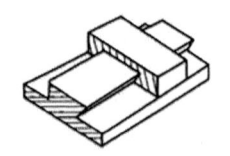

图 2-4 低副　　　　　图 2-5 高副

机构：在运动链中，如果将其中某一构件加以固定而成为机架，则该运动链便成为机构。一个机构中有且仅有一个机架，任何机构都可以看成是由若干个基本杆组依次连接于原动件和机架上而构成的。

（2）平面机构自由度的计算

由于在平面机构中，各构件只作平面运动，所以每个自由构件具有三个自由度。机构的自由度为：

$$F=3n-(2P_1+P_n) \tag{2-1}$$

式中　F——自由度，个；

n——活动构件数量，个；

P_l——低副数量，个；

P_n——高副数量，个。

机构拆分基本杆组时，必须首先除去虚约束和局部自由度，还要高副低代，然后才能拆分。计算机构自由度时，不计入虚约束，否则机构的自由度就会减少。

（3）平面四杆机构

①四杆机构的基本形式。

图 2-6 所示铰链四杆机构是平面四杆机构的基本形式，包含曲柄摇杆机构、双曲柄机构、双摇杆机构。其他形式的四杆机构可以认为是它的演化形式。

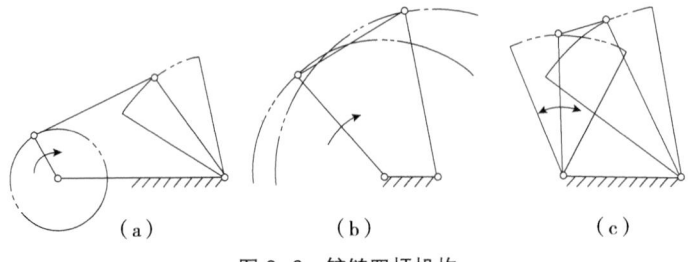

图 2-6 铰链四杆机构

曲柄摇杆机构：曲柄摇杆机构的压力角是连杆推力与运动方向之间所夹锐角。铰链四杆机构的最小传动角出现在曲柄和机架共线的两个位置之一。

双曲柄机构：当以其长边为机架时[图 2-7（c）]，两曲柄沿相反的方向转动，转速也不相等；当以其短边为机架时［图 2-7（d）］，两曲柄沿相同的方向转动，其性能和一般双曲柄机构相似。

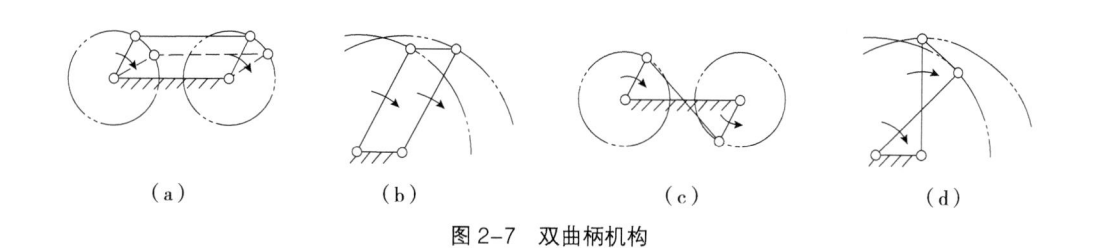

图 2-7　双曲柄机构

②平面四杆机构的演化形式。

除上述三种形式的铰链四杆机构之外，在机械中还广泛地采用其他形式的四杆机构。

曲柄滑块机构（见图 2-8），对心曲柄滑块机构有曲柄的条件是曲柄小于连杆长度。

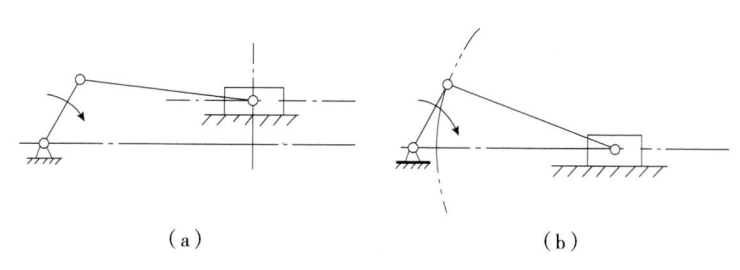

图 2-8　曲柄滑块机构

偏心轮机构，见图 2-9。

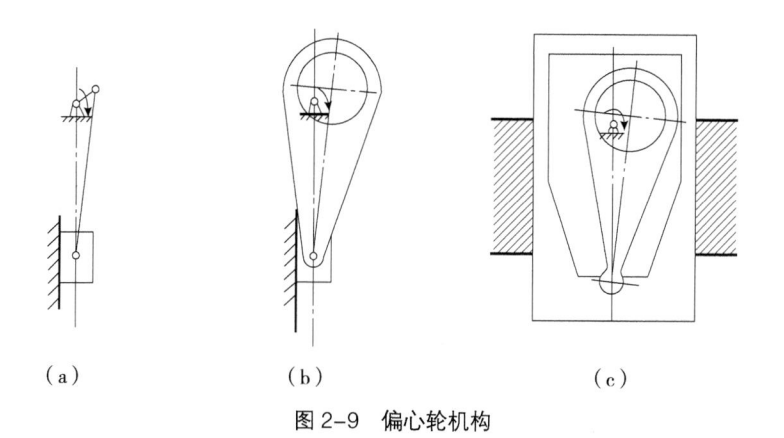

图 2-9　偏心轮机构

③铰链四杆机构基本知识。

A.铰链四杆机构有曲柄的条件。

各杆的长度应满足杆长条件（最短杆长度+最长杆长度≤其余两杆长度之和）。

最短杆为连架杆或机架。当最短杆为连架杆时，机构为曲柄摇杆机构；当最短杆为机架时，则为双曲柄机构。

B.铰链四杆机构的急回运动和行程速度变化系数。

C.铰链四杆机构的传动角和死点。

D.铰链四杆机构的连杆曲线。

E.铰链四杆机构的运动连续性。

（4）渐开线齿轮及其啮合特点

①渐开线的形成及其特性。

如图2-10所示，根据渐开线的形成过程，可知渐开线具有下列特性：

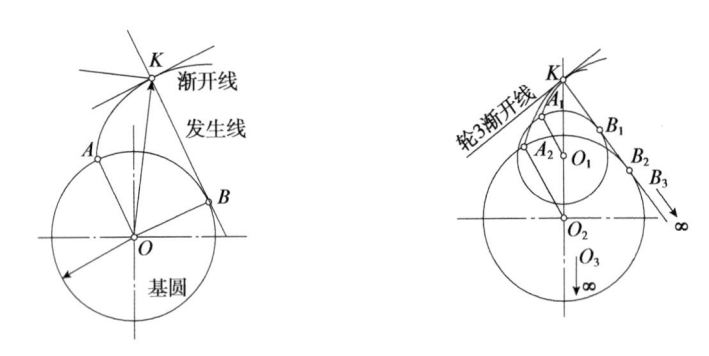

图2-10 渐开线行程图

A.发生线上 BK 线段长度等于基圆上被滚过的弧长 AB，即 BK=AB。

B.渐开线上任一点 K 处的法线必与其基圆相切，且切点 B 为渐开线 K 点的曲率中心，线段 BK 为曲率半径。渐开线上各点的曲率半径不同，离基圆越近，曲率半径越小，在基圆上其曲率半径为零。

C.渐开线的形状取决于基圆的大小。在展角相同处，基圆半径越大，其渐开线的曲率半径也越大。当基圆半径为无穷大时，其渐开线就变成一条直线，故齿条的齿廓曲线为直线。

D.基圆以内无渐开线。

②渐开线方程式及渐开线函数。

当采用直角坐标表示渐开线时（见图2-11），可得其方程式为：

$$\left. \begin{array}{l} x_K = r_b \sin u_K - r_b u_K \cos u_K \\ y_K = r_b \cos u_K + r_b u_K \sin u_K \end{array} \right\} \quad (2-2)$$

式中 u_K——$\alpha_K + \theta_K$，α_K 为渐开线在该点的压力角，θ_K 为渐开线函数；

r_b——基圆半径。

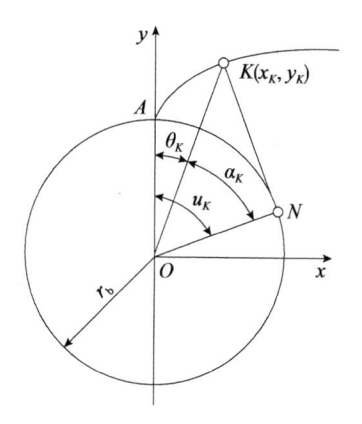

图 2-11 渐开线直角坐标

渐开线齿轮能保证恒定的传动比，当中心距略有改变不影响该值，此为渐开线齿轮的可分特性。通常齿轮的重合度越大，同时参加啮合的轮齿就越多，传动就越平稳。

（5）蜗轮蜗杆传动及其特点

蜗轮蜗杆传动是用来传递空间交错轴之间的运动和动力的，最常用的是两轴交错角为 90° 的减速传动。

蜗轮蜗杆传动的主要特点是：

A. 由于蜗杆的轮齿是连续不断的螺旋齿，故传动特别平稳，啮合冲击及噪声都小。所以在一些减速比不需很大的超静传动中也常采用蜗轮蜗杆传动。

B. 由于蜗杆的齿数（头数）少，故单级传动可获得较大的传动比（可达 1000），且结构紧凑。在作减速动力传动时，传动比的范围为 $5 \leq i \leq 70$。增速时，传动比 $i=1/5\sim1/15$。在普通圆柱蜗杆传动中，若其他条件不变，只增加蜗杆头数，将使传动效率提高。

C. 由于蜗轮蜗杆啮合轮齿间的相对滑动速度较大，摩擦磨损大，传动效率较低，易出现发热现象，故常需用较贵的减摩耐磨材料来制造蜗轮，蜗轮常用青铜材料的目的是减少摩擦，耐磨。

D. 当蜗杆的导程角 γ 小于啮合轮齿间的当量摩擦角 ϕ 时，机构反行程具有自锁性。在此情况下，只能由蜗杆带动蜗轮（此时效率小于50%），而不能由蜗轮带动蜗杆。

蜗轮蜗杆的正确啮合条件为蜗杆的轴面模数和压力角分别等于蜗轮的端面模数和压力角，且均取为标准值 m 和 α，当蜗杆与蜗轮的轴线交错角为 90° 时，还需保证蜗杆的导程角等于蜗轮的螺旋角，即 $\gamma=\beta$，且两者螺旋线的旋向相同。

通常对连续工作的闭式蜗杆传动，除了进行强度计算，还要进行热平衡计算。

（6）机械效率和自锁

①机械的输出功与输入功之比称为机械效率。

A. 串联。

如图2-12所示为 k 个机器串联组成的机组。设备机器的效率分别为 η_1、$\eta_2\cdots\eta_k$，机组的输入功率为 P_d，输出功率为 P_k。这种串联机组功率传递的特点是前一机器的输出功率即为后一机器的输入功率。故串联机组的机械效率为 $\eta=\eta_1\times\eta_2\cdots\times\eta_k$。

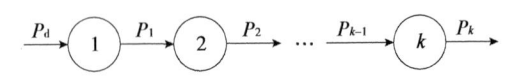

图2-12 串联机组功率图

B. 并联。

如图2-13所示为由 k 个机器并联组成的机组。设备机器的效率分别为 η_1、$\eta_2\cdots\eta_k$，输入功率分别为 P_1、$P_2\cdots P_k$，则各机器的输出功率分别为 $P_1\eta_1$、$P_2\eta_2\cdots P_k\eta_k$。

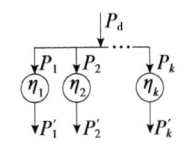

图2-13 并联机组功率图

这种并联机组的特点是机组的输入功率为各机器的输入功率之和，而其输出功率为各机器的输出功率之和。于是，并联机组的机械效率应为：$\eta=\dfrac{\sum P_{ri}}{\sum P_{di}}=\dfrac{P_1\eta_1+P_2\eta_2\cdots+P_k\eta_k}{P_1+P_2\cdots+P_k}$。

②机械自锁的条件。

A. 由于机械自锁时，机械已不能运动，所以这时它所能克服的生产阻抗力 $G\leqslant 0$。故可利用当驱动力任意增大时 $G\leqslant 0$ 是否成立来判断机械是否自锁。

B. 由于机械发生自锁时，驱动力所能做的功 W_d 总不足以克服其所能引起的最大损失功 W，这时 $\eta\leqslant 0$。所以，当驱动力任意增大恒有 $\eta\leqslant 0$ 时，机械将发生自锁。

因此，在移动副中，如果作用于滑块上的驱动力作用在其摩擦角之内（即 $\beta \leq \phi$）则发生自锁，这就是移动副发生自锁的条件。

因此，转动副发生自锁的条件为：作用在轴颈上的驱动力为单力 F，且作用于摩擦圆之内，即 $\alpha \leq \rho$（见图2-14）。

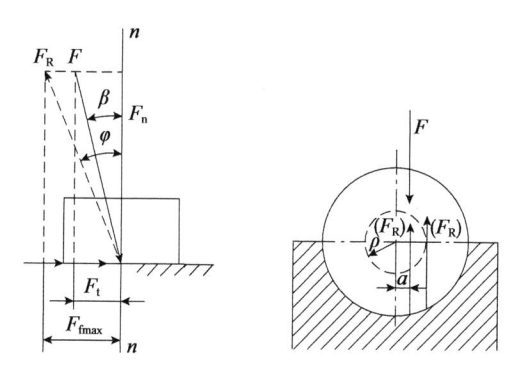

图2-14 自锁受力分析

【考试要求】

熟悉机构、运动副的基础知识。

熟悉自由度的基础知识。

熟悉四杆机构机械原理基础知识，掌握四杆机构的典型应用与机械结构特性分析。

熟悉渐开线齿轮传动机械原理基础知识，熟悉各类测井装备中此类机构设计的应用与分析。

熟悉蜗轮蜗杆传动机械原理基础知识，熟悉各类测井装备中此类机构设计的应用与分析。

熟悉自锁机械原理基础知识、自锁的分析与计算。

2. 材料力学知识

【考试内容】

（1）杆件横截面上的应力

正应力与切应力、正应变与切应变的基本定义；线弹性材料的应力-应变关系、弹性模量 E、切变模量 G、延伸率的基本定义。工程中一般是以延伸率来区分塑性材料和脆性材料。

杆件受力与变形的基本形式：拉伸或压缩、剪切、扭转、平面弯曲、组合受力变形。

构件的强度是指在外力作用下构件抵抗破坏的能力，刚度是指在外力作用下构件抵抗变形的能力，稳定性指在外力作用下构件保持原有平衡态的能力。

（2）整体平衡与局部平衡的概念

弹性杆件在外力作用下若保持平衡，则从其上截取的任意部分也必须保持平衡。前者称为整体平衡或总体平衡；后者称为局部平衡。这种整体平衡与局部平衡的关系，不仅适用于弹性杆件，而且适用于所有弹性体，因而可以称为弹性体平衡原理。

（3）截面法确定指定横截面上的内力分量

过受力构件内任一点，取截面的不同方位，各个面上的正应力不同，切应力不同。应用截面法确定某一个指定横截面上的内力分量：考察其中任意一部分的受力，由平衡条件，即可得到该截面上的内力分量。建立平面力系的三个平衡方程：$\sum F_x=0$、$\sum F_y=0$、$\sum M=0$。$\sum F_x$为轴向合力，$\sum F_y$为径向合力。

可确定为控制面的面：集中力作用点两侧截面；集中力偶作用点两侧截面；集度相同、连续变化的分布载荷起点和终点处截面。

（4）轴力与扭矩分析

杆件只在两个端截面处承受轴向载荷时，杆件的所有横截面上的轴力都是相同的。如果杆件上作用有两个以上的轴向载荷，就只有两个轴向载荷作用点之间的横截面上的轴力是相同的。

作用在杆件上的外力偶矩，可以由外力向杆的轴线简化而得，但是对于传递功率的轴，通常都不是直接给出力或力偶矩，而是给定功率和转速。

力偶矩在单位时间内所作之功即为功率，公式如下：

$$T\omega = P \tag{2-3}$$

式中　　T——外力偶矩，N·m；

ω——轴转动的角速度，rad/s；

P——轴传递的功率，W。

（5）剪力方程与弯矩方程

通常杆件危险截面是最大应力所在的截面。应用强度设计准则，可以解决三类强度问题：强度校核、尺寸设计、确定杆件或结构所能承受的许用载荷。

（6）薄壁容器强度设计简述

如图2-15（a）所示两端封闭的、承受内压的薄壁容器。容器承受内压作用后，根据平衡方程可以得到轴向应力和径向应力的计算式分别为：

$$\Sigma F_x = 0,\ \sigma_m(\pi D\delta) - p \times \frac{\pi D^2}{4} = 0 \tag{2-4}$$

式中　σ_m——轴向应力，Pa；
　　　D——薄壁容器直径，mm；
　　　δ——薄壁容器壁厚，mm；
　　　p——内压力，Pa。

$$\Sigma F_y = 0,\ \sigma_\mathrm{t}(l \times 2\delta) - p \times D \times l = 0 \qquad (2\text{-}5)$$

式中　σ_t——径向应力，Pa；
　　　l——薄壁容器长度，mm。

$$\left.\begin{array}{l}\sigma_\mathrm{m} = \dfrac{pD}{4\delta} \\[6pt] \sigma_\mathrm{t} = \dfrac{pD}{2\delta}\end{array}\right\} \qquad (2\text{-}6)$$

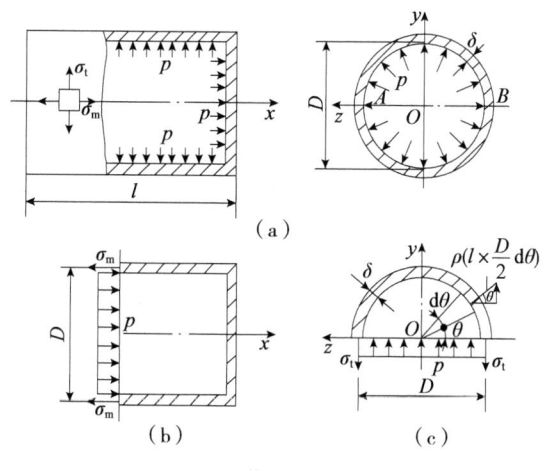

图 2-15　薄壁结构受力分析

上述分析中，只涉及容器表面的应力状态。在容器内壁，由于内压作用，还存在垂直于内壁的径向应力，$\sigma_\mathrm{t}=-p$。但是，对于薄壁容器，由于 $D/\delta \gg 1$，故 $\delta=-p$ 与 σ_m 和 σ_t 相比甚小。而且 σ_t 自内向外沿壁厚方向逐渐减小，至外壁时变为零。因此，忽略 σ_t 是合理的。承受内压的薄壁容器，在忽略径向应力的情形下，其各点的应力状态均为平面应力状态，三个主应力分别为：$\sigma_1 = \sigma_\mathrm{t} = \dfrac{pD}{2\delta}$，$\sigma_2 = \sigma_\mathrm{m} = \dfrac{pD}{4\delta}$，$\sigma_3 = 0$。

以此为基础，考虑到如果薄壁容器由韧性材料制成，可以采用最大切应力或畸变能密度准则进行强度设计。

【考试要求】

熟悉材料力学材料、结构件应力应变基础知识，掌握测井装备典型推靠杆系等结构的机械强度理论分析。

熟悉材料力学薄壁容器强度基础知识，掌握测井装备典型承压结构的机械强度理论分析。

3. 液压原理

【考试内容】

（1）液压传动系统的组成

液压泵（动力元件）：液压泵是将原动机所输出的机械能转换成液体压力能的元件，常见有齿轮泵、叶片泵、螺杆泵、柱塞泵等大类。液压泵每一转理论上排出的液体体积称为排量。

斜轴式柱塞泵（图 2-16）的传动轴和缸体轴线倾斜一个角度，故称斜轴式轴向柱塞泵。倾斜的缸体与柱塞构成吸、压油密闭工作腔，当传动轴转动时，连杆 2 推动柱塞在柱塞缸孔中作往复运动；同时，连杆的侧面带动柱塞连同缸体一起旋转。只要设计得当，可以使连杆 2 的轴线和缸孔的轴线间的夹角做得很小。因而柱塞 4 上的径向作用分力及缸体上的径向作用分力都很小。这对于改善柱塞和缸体间的摩擦、磨损及减小缸体的倾覆力矩都有很大好处。由于上述径向力的减小，传动轴和缸体轴线的倾角 γ 可以做得较大（一般 γ 可达 25°，个别达 40°）。当缸体旋转时，处于吸油区的柱塞向外伸出，称为柱塞回程。此时，柱塞的头部（或柱塞头部的滑履）必须始终紧贴斜盘。

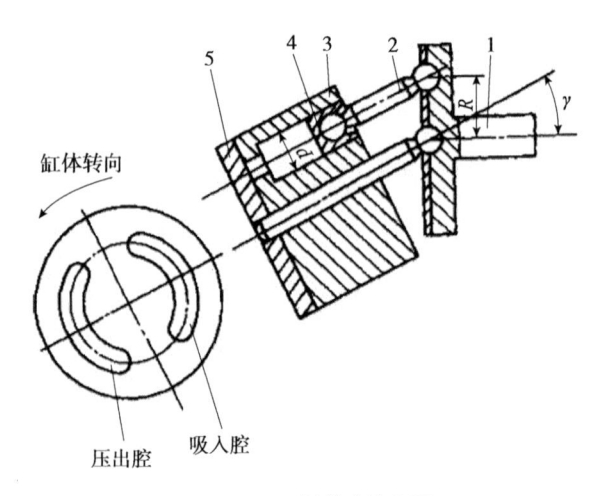

图 2-16 斜轴式柱塞泵
1—传动轴 2—连杆 3—缸体 4—柱塞 5—配油盘

执行元件：把液体压力能转换成机械能以驱动工作机构的元件。执行元件包括液压缸和液压马达。

控制元件：包括压力、方向、流量控制阀，是对系统中油液压力、流量、方向进行控制和调节的元件。

辅助元件：指上述三个组成部分以外的其他元件，如蓄能器、油箱、滤油器、管道、管接头等。

（2）层流和紊流

液体在管道中存在两种流动状态，层流时黏性力起主导作用，紊流时惯性力起主导作用。在层流时，液体质点没有横向运动，互不干扰，液流呈线性或层状；而在紊流时，液体质点有横向运动（或产生小漩涡），杂乱无章，液流呈紊乱混杂状态。

层流和紊流是两种不同性质的流态。层流时，液体流速较低，质点受黏性制约，黏性力起主导作用；紊流时，液体流速较高，黏性的制约作用减弱，惯性力起主导作用。液体作紊流时，其空间任一点处流体质点速度的大小和方向都是随时间变化的，其本质是非恒定流动。

雷诺数是惯性力与黏性力的无因次比值。雷诺数大就说明惯性力起主导作用；雷诺数小就说明黏性力起主导作用。液体的流动状态可用雷诺数来判断。

（3）流体动力学基本概念

能量方程：又称伯努利方程，反映了流体定常流动下的流速、压力、管道高程之间的关系，它实际上是流动液体的能量守恒定律。

$$\frac{p_1}{\rho g} + z_1 + \frac{u_1^2}{2g} = \frac{p_2}{\rho g} + z_2 + \frac{u_2^2}{2g} \qquad (2-7)$$

式中　p_1、p_2——流体压力，Pa；

ρ——流体密度，kg/m³；

g——重力加速度，9.8m/s²；

u_1、u_2——流速，m/s；

z_1、z_2——位置水头，m。

连续性方程是质量守恒定律在流体力学中的一种表达形式。液体的流速与通流截面面积成反比：

$$v_1 A_1 = v_2 A_2 \qquad (2-8)$$

式中　v_1、v_2——流速，m/s；

A_1、A_2——通流截面面积，m²。

缝隙溢流：在液压元件的相配件间总存在配合间隙，不论它们是静止的还是运动的，泄漏都与间隙的形式和大小有关（见图2-17）。

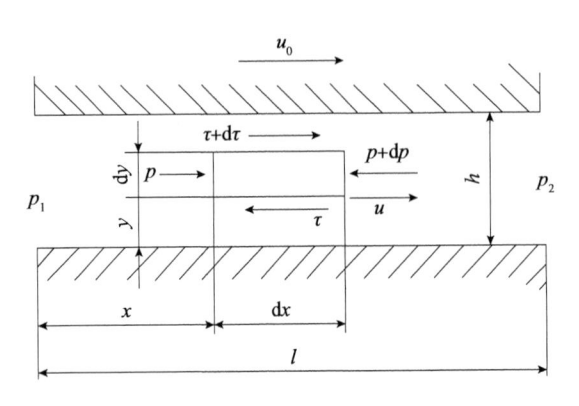

图2-17 平行平板间溢流分析

当平行平板间没有相对运动，即$u_0=0$时，通过的液流为纯压差流动，其流量为：

$$q' = \frac{bh^3}{12\mu l}\Delta p \qquad (2-9)$$

式中 q'——通过平行平板缝隙的流量，m^3/s；

h——平行平板缝隙高度，m；

l——平行平板缝隙长度；m；

b——平行平板缝隙宽度，m；

Δp——平行平板缝隙两端压力差，Pa；

μ——流体黏度，Pa·s。

（4）控制元件的分类

①按作用的分类。

方向控制阀：用来控制液压系统中液流流动方向的阀，如单向阀、换向阀。

压力控制阀：用来控制液压系统中的液流压力或利用压力控制的阀，如溢流阀、减压阀、顺序阀。

流量控制阀：用来控制液压系统中液流流量的阀，如节流阀、调速阀。

②按控制方式的分类。

开关控制阀：借助于手轮、手柄、凸轮、电磁铁、液压、气压等定值地控制流体的流动方向、压力和流量。

比例控制阀：使输入电信号按一定的规律成比例地控制流体的流动方向、压力和流量，多用于开环程序控制系统。

伺服控制阀：将微小的电气信号转换成大的功率输出，用以控制系统中液体的流动方向、压力和流量，多用于高精度、快速响应的闭环控制系统。

电液数字式控制阀：用数字信息直接控制液体的流动方向、压力和流量。

（5）O 形密封圈的基本技术

O 形密封圈（O-ring）是一种截面为圆形的橡胶密封圈，因其截面为 O 形，故称其为 O 形密封圈，也叫 O 形圈。O 形密封圈主要用于静密封和往复运动密封，用于旋转运动密封时，仅限于低速回转密封装置。对于压缩类的密封圈，安装时必须保证适当的预压缩量，过小不能密封，过大摩擦力增大，且易损坏。因此，安装密封圈的沟槽尺寸和表面精度必须按有关手册标准给出的数据严格保证。在动密封中，在 O 形圈低压侧设置聚四氟乙烯或尼龙制成的挡圈，如图 2-18 所示，其厚度为 1.25～2.5mm。双向受高压时，两侧都要加挡圈。

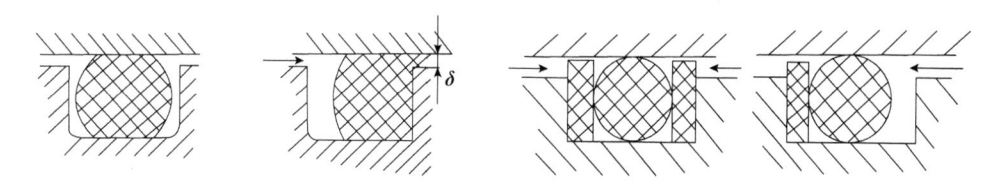

图 2-18 动密封密封圈示意图

O 形密封圈本身及安装部位结构都极其简单，且已形成标准化产品，我国执行国家标准 GB/T 3452.1—2005 标识其规格型号；石油测井装备也常采用美标 AS-568 标准的进口 O 形密封圈产品。

O 形密封圈根据不同的流体介质进行材质的选择，有丁腈橡胶（NBR）、氟橡胶（FKM）、硅橡胶（VMQ）、乙丙橡胶（EPDM）、氯丁橡胶（CR）、丁基橡胶（BU）、聚四氟乙烯（PTFE）、天然橡胶（NR）等材质。对应不同工况压力、温度，对胶体硬度也必须提出技术指标要求。

为适应石油测井高温、高压和耐酸碱腐蚀的工况环境要求，石油测井装备井下仪采用氟橡胶（FKM）O 形密封圈，其硬度在邵氏硬度 85～95 之间。

【考试要求】

了解常用液压装置组成，熟悉常用液压泵的基本工作原理及液压流体动力学基础知识。

熟悉测井装备常用液压控制装置及其工作原理和应用分析。

熟悉测井装备常用 O 形密封圈的液压密封工作原理和技术指标。

（二）机械加工工艺与公差配合基础知识

1. 机械加工工艺与设计原理

【考试内容】

（1）加工方法

为了实现特定的功能，机械零件的结构形状千变万化。同样的零件结构形式可以用不同的加工方法得到。根据加工过程中零件质量的变化情况，零件的制造过程可分为 $\Delta m<0$，$\Delta m=0$ 和 $\Delta m>0$ 三种形式，不同的类型有不同的工艺方法。

减材制造：$\Delta m<0$ 主要是指在被加工对象上去除一部分材料来达到加工目的的过程。

材料成形制造过程：在制造过程中，工件加工前后质量基本不变，即 $\Delta m=0$ 的制造过程，如铸造、锻造、焊接、冲压等。

增材制造：在 $\Delta m>0$ 的制造过程中，通过材料累加成形。材料累加法制造工艺可以成形任意复杂形状的零件，而无须刀具、夹具等生产准备活动。这类加工方法包括电镀、化学镀、喷涂等沉积加工，以及快速原型制造等。

快速成形（RP）技术是在零件 CAD 模型建立之后，立即输入快速成形系统，由数据处理软件进行零件信息处理和工艺规划，然后自动生成数控代码控制成形机进行零件的制造。RP 技术已逐步成熟，目前已经商品化的 RP 设备及加工方法有光固化法、叠层制造法、激光选区烧结法和熔积法等。

（2）数控加工的特点

数控加工能加工轮廓形状复杂或可用数学模型描述的零件，如壳体零件内腔中的成形面、螺旋桨及自由曲面等，涡轮叶片可用 5 轴加工中心加工。

数控加工能加工超精零件，例如在高精密的数控机床上，可加工出几何轮廓精度达 0.0001mm、表面粗糙度（Ra）0.02μm 的零件。

数控机床一次装夹定位后，可进行多道工序加工。例如，在加工中心机床上可方便地实现对箱体类零件进行钻孔、扩孔、镗孔及攻螺纹、铣端面等多道工序的加工，从而保证表面之间较高的位置精度。

一台数控机床可同时加工两个或多个相同的零件，也可同时加工多工序的不同零件。

数控加工的自动化程度很高，除刀具的进给运动外，零件的装夹、刀具的更换、切屑的排除等工作均能自动完成。通过工装装夹减少零件的安装调整等工作，故能明显缩短加工的准备时间，提高生产率。

（3）金属切削基本知识

①切削运动及形成的表面。

在切削过程中，为了切除多余的金属，必须使工件和刀具作相对的切削运动，在机床上用刀具切除工件上多余金属的运动称为切削运动，可分为主运动和进给运动。

切削用量三要素是切削深度、进给量和切削速度。

②钛合金的加工。

从金属组织上来分，钛合金可以分为 α 钛合金、β 钛合金、α+β 钛合金。石油测井装备常用 α+β 钛合金，该类钛合金高温变形性能好，韧性塑性好，能进行淬火，让其合金强化，高温强度也高，可以在400℃温度下长期工作。其牌号主要有 TC1~TC6、TC9、TC11 等。

A. 钛合金的加工特点。

a. 切削刃负荷重主要是因为加工钛合金时其切削变形系数小，切削力集中在切削刃附近，容易造成崩刃。

b. 切削温度高钛合金导热差，其切削区域温度比45钢高约一倍。

c. 刀具磨损严重，钛比较活跃，易与氧氮反应形成硬而脆的表面，加剧刀具磨损。

d. 后刀面摩擦力大。

B. 加工钛合金铣刀与刀具的选择。

加工钛合金一般选择硬质合金棒材类刀具，如钨钴类硬质合金，典型的牌号有YG8、YG6X；在选择硬质合金类钛合金刀具时，不应选择钨钛类或 TiC 和 TiN 涂层刀具；加工钛合金刀具也可以选择含钴高速钢、铝或钒高速钢，但高速钢刀具加工钛合金生产效率低、容易磨损。

C. 加工钛合金铣刀的切削参数与知识。

加工钛合金时，一般应选较小的前角，可以显著提升其切削刃强度和抗崩能力；选用较大的后角，可以减少刀具后面与过渡表面及加工表面的接触面积；加工钛合金时，其刀具切削速度可以适度地降低，背吃刀量可以放大，进给量应合适。

③切削液。

切削液的作用：冷却作用、润滑作用、清洗作用。

常用切削液有两大类：乳化液、切削油。

（4）加工工艺规程

①工艺规程。

概念：技术人员根据产品数量、设备条件和工人素质等情况，确定采用的零部件工艺过程，并将有关内容固化成工艺文件，这种文件就称工艺规程，它由零件的工艺路线和工序卡等文件集合而成。通常工艺规程是指导生产的主要技术文件；工艺规程是生产组织和管理工作的基本依据；工艺规程是新建或扩建工厂或车间的基本资料。

②基准。

基准按其作用不同，可分为设计基准和工艺基准两大类。

设计基准：零件都是由若干表面组成，各表面之间有一定的尺寸和相互位置要求。

工艺基准：零件在加工和装配过程中所使用的基准，按用途不同，分为定位基准、测量基准和装配基准。

③工件的安装方式。

为了在工件的某一部位上加工出符合规定技术要求的表面，在机械加工前，必须使工件在机床上相对于工具占据某一正确的位置，通常把这个过程称为工件的"定位"。工件定位后，由于在加工中受到切削力、重力等的作用，还应采用一定的机构将工件"夹紧"，使其确定的位置保持不变。使工件在机床上占有正确的位置并将工件夹紧的过程称为"安装"。

机床夹具是机床的一种附加装置，它在机床上相对刀具的位置在工件未安装前已预先调整好，在加工一批工件时不必再逐个找正定位，就能保证加工的技术要求。

数控机床一次装夹定位后，可进行多道工序加工。例如车铣复合加工中心可完成车削、钻孔、扩孔、镗孔及攻螺纹、铣端面、腔体等多道工序的加工。

（5）工艺设计原则

①工艺的最高原则。

用最经济的方法改变原材料，使其成为合格的满足设计和用户使用要求的零部件或产品。

②工艺路线。

A. 工艺路线是零件从毛坯变成合格的满足使用要求的成品，其所经过的所有工序，按先后顺序所拟定的加工路线。

B. 机械加工工艺规程的制定：首先拟定零件加工的工艺路线，然后确定每一道工序的加工内容、工序尺寸、所用设备、工艺装备和切削用量、工时定额等。

C. 工艺路线的拟定是制定工艺过程的总体布局，主要任务是选择各个表面的加工方法，确定各个表面的加工顺序以及整个工艺过程中工序数目的多少等。

③拟定工艺路线的一般原则。

A. 先加工基准面：零件在加工过程中，作为定位基准的表面应首先加工出来，以便尽快为后续工序的加工提供精基准，称为"基准先行"。

B. 划分加工阶段：加工质量要求高的零件表面，都要划分加工阶段。一般可分为粗加工、半精加工和精加工三个阶段。主要目的：一是为了保证加工质量；二是有利于合理使用设备；三是便于安排热处理工序；四是便于及时发现毛坯缺陷等。

C. 先面后孔，光整加工。

D. 粗精分开，合理选用设备：对于某些加工精度要求高的零件，为了保证加工精度，粗、精加工最好分开进行，相隔一段时间。粗、精加工分别在不同的机床上加工，既能充分发挥设备能力，又能延长精密机床的使用寿命。

E. 中间处理：在机械加工工艺路线中，在粗加工之后和精加工之前，常安排低温退火或时效处理工序来消除内应力。热处理工序位置一般安排如下：

a. 退火、正火、调质。

b. 时效处理、调质处理。

c. 渗碳、淬火、回火。

【考试要求】

熟悉机械加工工艺基础知识，熟悉金属切削基本知识，熟悉机械加工工艺技术与工艺规程设计原理，加工工艺过程的组成、工艺基准、工艺设计原则。

2. 公差配合基础知识

【考试内容】

（1）互换性

互换性是指同一规格的一批零件或部件中，任取其一，不需要任何挑选或附加修配（如钳工修配）就能装在机器上，达到规定的功能要求。这样的一批零件或部件就称为具有互换性的零部件。互换性生产不仅是使用上的需要，也是设计、制造上的需要。

实现互换性的条件：只要将同规格的零部件的几何参数控制在一定的范围内，就能达到互换的目的。人们将零件尺寸和几何参数的允许变动范围称为"公差"，它包括尺寸公差、形状公差、位置公差等，用来控制加工中的误差，以保证互换性的实现。

（2）极限与配合的常用术语与定义

①极限尺寸判断原则（泰勒原则）。

极限尺寸判断原则是指孔的体外作用尺寸应大于或等于孔的下极限尺寸，并在任何位置上孔的最大实际（组成）要素应小于或等于孔的上极限尺寸；轴的体外作用尺寸应小于或等于轴的上极限尺寸,并在任何位置上轴的最小实际(组成)要素应大于或等于轴的下极限尺寸(见图2-19)。

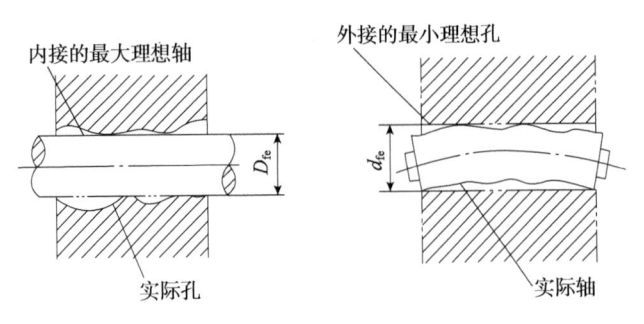

图 2-19 极限尺寸判断

极限尺寸判断原则是一个综合性的判断原则,它考虑了孔和轴的尺寸、形状等的误差的影响。对有配合要求的孔和轴,应按此原则来判断孔、轴零件尺寸是否合格。

②配合制。

配合制指同一极限制的孔和轴组成配合的一种配合制度。国家标准(GB/T 1800.1—2020)中规定了两种平行的配合制:基孔制配合和基轴制配合。

(3)标准公差(IT)

标准公差指在国家标准(GB/T 1800.1—2020)极限与配合制中,所规定的任一公差。字母IT为"国际公差"的符号。标准公差确定了公差带的大小。公称尺寸不大于500mm规定有20个标准公差等级,表示为IT01、IT0、IT1、IT2~IT18。公称尺寸在500~3150mm范围内规定了IT1~IT18共18个标准公差等级。从IT01~IT18,等级依次降低,对应的标准公差值依次增大。

(4)基本偏差

基本偏差指在国家标准(GB/T 1800.1—2020)极限与配合制中,用以确定公差带相对于零线位置的上偏差或下偏差,一般指靠近零线的那个偏差。

为了满足各种不同松紧程度的配合需要,同时尽量减少配合种类,以利于互换,国家标准(GB/T 1800.1—2020)对孔和轴分别规定了28种基本偏差,用拉丁字母表示,其中孔用大写字母表示,轴用小写字母表示。

(5)尺寸公差与配合的选用

一般来说,相同代号的基孔制与基轴制配合的性质相同,因此基准制的选择与使用要求无关,主要应从结构、工艺性及经济性几方面综合分析考虑。在机械制造中,一般优先选用基孔制。

公差等级的选用就是确定尺寸的制造精度，解决机械零件使用要求与制造工艺及成本之间的矛盾。选择公差等级的基本原则是，在满足使用要求的前提下，尽量选取较低的公差等级，其原则如下：应满足工艺等价原则；各种加工方法能够达到的公差等级；根据使用要求确定公差精度和配合的类别。

确定公差等级的基本原则是：在满足使用要求的前提下，尽量选取较低的公差等级，配合的选择应尽可能地选用优先配合，其次是常用配合。如果优先和常用配合不能满足要求时，可选标准推荐的一般用途的孔、轴公差带，按使用要求组成需要的配合。

用类比法选择配合时还必须考虑如下一些因素：受载情况、拆装情况、配合件的结合长度和几何误差、配合件的材料、温度的影响、装配变形的影响、生产类型。

（6）几何公差

根据国家标准《产品几何技术规范（GPS）几何公差形状、方向、位置和跳动公差标注》（GB/T 1182—2018）的规定，几何公差包括形状公差、方向公差、位置公差和跳动公差。

对于形状公差，仅研究要素本身的实际形状与其理想形状的偏离即可。国家标准 GB/T 1182—2018 规定除了形状公差外还有方向公差、位置公差和跳动公差，而这三项公差都是有基准要求的。

基准是确定被测要素的方向、位置的参考对象。设计时，在图样上标出的基准一般可分为三种：

①单一基准：由一个要素建立的基准称为单一基准。如由一个平面或一根轴线均可建立基准。

②组合基准（公共基准）：由两个或两个以上的要素所建立的一个独立基准称为组合基准或公共基准。

③基准体系（三基面体系）：由三个相互垂直的平面所构成的基准体系，称为三基面体系。应用三基面体系标注图样时，要特别注意基准的顺序（见图2-20）。

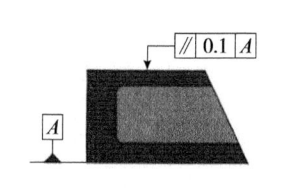

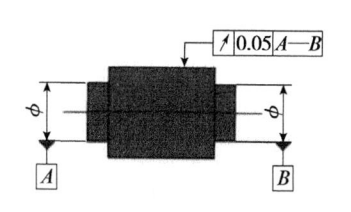

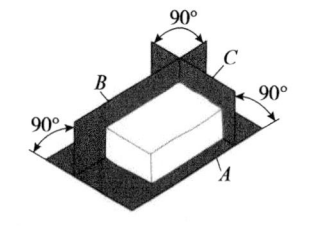

图 2-20 基准标出方法

（7）几何公差与尺寸公差的关系

在设计零件时，根据零件的功能要求，对零件上重要的几何要素，常常需要同时给定尺寸公差、几何公差等。那么，零件上几何要素的实际状态是要素的尺寸误差和几何误差综合作用的结果，两者都会影响零件的配合性能，因此在设计和检测时需要明确几何公差与尺寸公差之间的关系。确定这种相互关系的原则称为公差原则。公差原则分为独立原则和相关要求两大类。

独立原则是指图样上给定的几何公差与尺寸公差相互无关，应分别满足要求的公差原则（见图2-21）。它是几何公差和尺寸公差相互关系所遵循的基本原则。

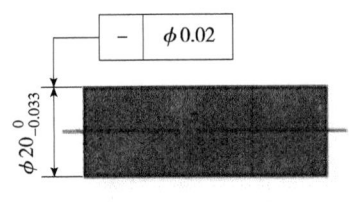

图 2-21 独立原则示意图

相关要求是指图样上给定的几何公差与尺寸公差相互有关的公差要求。根据被测提取要素所应遵守的边界不同，相关要求可分为包容要求、最大实体要求、最小实体要求和可逆要求。

（8）几何公差的选择

几何公差对零部件的使用性能有很大的影响，几何公差的选择主要包括几何公差项目的选择、基准要素的选择、几何公差等级（公差值）的选择和几何公差原则的选择等。

①几何公差项目的选择。

几何公差项目一般是根据零件的几何特征、使用要求和经济性等方面因素，经综合分析后确定。在保证零件功能要求的前提下，应尽量使几何公差项目减少，检测方法简便，以获得较好的经济效益。具体应考虑以下几点：考虑零件的几何特征，考虑零件的使用要求，考虑几何公差的控制功能，考虑检测的方便性。

②基准要素的选择。

基准要素的选择包括零件上基准部位的选择、基准数量的确定、基准顺序的合理安排等。

③几何公差等级（公差值）的选择。

几何公差等级的选择原则与尺寸公差选用原则相同，即在满足零件使用要求的前提下，尽量选用低的公差等级。选择常采用类比法，主要考虑以下几点。

A. 几何公差和尺寸公差的关系。

B. 有配合要求时形状公差与尺寸公差的关系。

C. 形状公差与表面粗糙度的关系。

D. 考虑零件的结构特点。

E. 凡有关国家标准已对几何公差做出规定的，都按国家标准执行。

④几何公差原则的选择。

几何公差原则的选择应根据被测要素的功能要求，充分发挥公差的职能，考虑采取该公差原则的可行性和经济性。

【考试要求】

掌握公差配合基本知识，熟悉测井装备零部件设计、制造常用的各类公差配合基本知识、国家标准以及应用原则。

（三）机械产品设计、工艺管理企业标准、BOM 数据管理及产品检测知识

1. 中油测井企业标准《产品图样及设计规范》《装备制造工艺管理规范》

【考试内容】

（1）资料完整性要求

产品图样及设计文件规范：

测井装备技术文件的成套性要求，在生产阶段对产品图样及技术文件要求具备完整的产品标准，使用维修手册、操作手册、培训手册、制造手册、软件规范文本的源代码、用户操作手册、保证文件和材料消耗定额表共八个部分。

机械设计图纸对产品图样及技术文件要求具备的机械技术文件目录、机械图样目录、成套仪器明细表、零部件明细表、借用件汇总表、通用件汇总表、外购件汇总表、标准件汇总表、设计总图、零部件加工图、装配图、外形图。

装备制造工艺管理规范：

在批量生产阶段，工艺文件主要包括产品结构工艺性审查记录、工艺方案、产品零部件工艺路线表、焊接工艺卡（电气）、机械加工工艺过程卡、数控加工程序明细表、装配工艺过程卡、制造过程工艺卡（电气）、电气装配工艺卡、专用及特殊电气工艺文件、检验卡、材料消耗工艺定额明细表、材料消耗工艺定额汇总表、工时定额、工艺文件目录和工艺卡片目录等 31 项。

（2）编号标准

产品图样和设计文件编号采用十一位码（自左至右）。每位编码由阿拉伯数字

表示。

```
× × × × × × × × × × ×
```

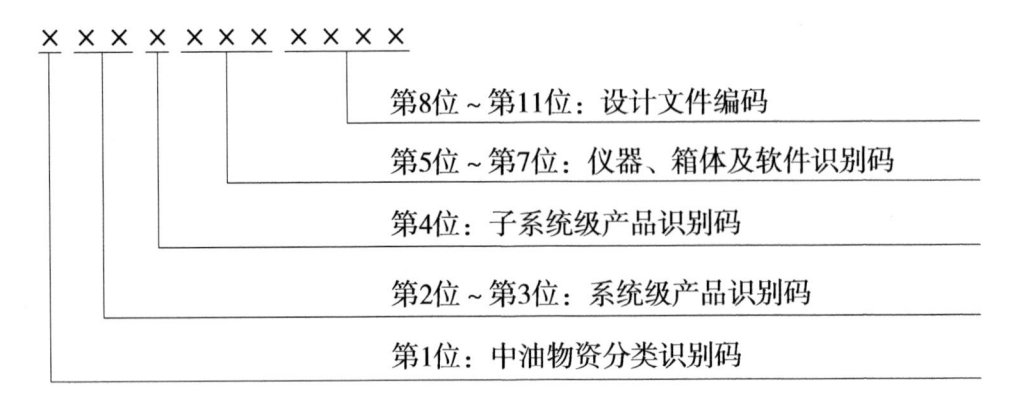

- 第8位~第11位：设计文件编码
- 第5位~第7位：仪器、箱体及软件识别码
- 第4位：子系统级产品识别码
- 第2位~第3位：系统级产品识别码
- 第1位：中油物资分类识别码

第8位：属于性质识别码，按 Q/SY CJ 6011 规定，0 为总体识别码，1 为机械类识别码，2~7 为电气类识别码，8 为工艺类识别码，9 为软件类识别码。

第9位：用"1"表示产品机械类文件，"2"表示产品电气类文件。

第10位、第11位：表示设计文件的顺序编号。

（3）设计更改流程

①更改原则。

产品样及技术文件的更改，均须根据技术管理有关规定，按流程履行签字手续后，方可办理。

更改图样及相关文件时，应同时更改相应的 CAD 文件等，使图样、表格、文字协调一致。

签字栏应自上而下按顺序签字，不得跳签、漏签和签重。

更改后的图样及文件，应符合有关标准规定，且应保证更改前的原图样及文件有据或有档可查。

②更改分类。

临时更改：例如科研项目的图样和技术文件，生产加工过程中的现场更改等。

永久更改：已归档的图样和设计文件，若进行更改，属于永久更改。

③更改方法。

划改、刮改、CAD 文件的更改、更改标记，更改标记一般按每张图样或设计文件编排。

④更改程序。

A. 填写更改通知单。

负责更改人员、设计人员按照规定的内容逐项填写更改通知单。若改动较多或改动关键、重要内容时，应根据具体情况附上更改技术说明或更改评审等。

B.审批。

更改通知单应经有关部门按技术责任的规定，分别进行签署或有关领导审批后，负责更改人员/设计人员方可更改图样及文件，更改的签字应符合 Q/SY CJ 6004.8 规定。

C.更改。

负责更改人员/设计人员按更改通知单更改有关的图样和文件。负责更改人员更改底图，并填写更改栏。

设计文件的更改程序应符合技术管理有关规定。

⑤更改管理。

A.自行（测绘）设计的图样及文件的更改，由设计（编制）部门负责；外购的图样及文件的更改，由购入单位负责；用户提供与合作生产的产品图样及文件的更改，按协议办理，如协议未规定，则由产品制造单位负责更改。

B.更改通知单应编号。

C.更改后的图样及文件如破坏了互换性，应编制新代号或加尾注号，也可绘制新图样及文件，并更改与其有关的图样及文件。

D.若图样及文件的底图因污损不能使用时，需重绘底图，但不得改变其代号。

（4）借用件管理

①方法：

A.借用件的编号应采用被借用件的图样代号。

B.产品（或部件）的借用件，应编制借用件汇总表，其格式应符合 Q/SY CJ 6004.4 规定。

a.当借用某一部件及其所有零件时，在借用件汇总表中仅填写部件代号，并在"备注"栏中填写"整体借用"字样。

b.当借用某一部件的具体零件时，在借用件汇总表中应逐一填写具体的零件代号。

C.凡已被采用的借用件均应进行使用登记。借用件使用登记应依据产品（或部件）借用件汇总表。

D.借用件使用登记步骤如下：

a.登记人根据产品（或部件）借用件汇总表（明细表）登记。

b.变更借用件关系时，登记人根据更改通知单办理增加或注销手续。

②更改。

A. 被借用件图样的更改，应不破坏原有的借用关系，否则可按下述任意一种办法处理：

a. 被借用件图样保留不改，加盖"保留借用"章或标明其他特殊标记，底图单独保存，供原借用者继续借用。被借用者需将要更改的图样重新制图，另编图样代号。

b. 被借用件图样照常更改，但更改通知单需经借用者会签，借用者在通知单中提出"保持"或"变更"借用关系的处理意见，并据此更改借用件的登记。此时，更改通知单应符合 Q/SY CJ 6004.7 和 Q/SY CJ 6004.9 的规定，并增加借用会签栏。

B. 当被借用件所属的产品淘汰或被借用件在本产品上被取消时，可按下述任意一种方法处理：

a. 保留原图样代号，列为"保留借用"。

b. 按原底图复制成新底图，新底图另编图样代号，归属某一借用产品，并注明"与×××相同"的字样。

其他借用者按新图样代号修改。

（5）工艺纪律管理

①检查和考核。

工艺纪律的检查依据是产品标准、工艺标准和检验标准，检查以现场巡视和抽查为主。

中油测井二级单位所有部门应按照工艺纪律检查规范和实施细则进行自查，规范工艺行为；对检查委员会或检查组查出的问题应及时整改，并制定出纠正与预防措施。

工艺纪律检查人员可随时纠正违反工艺纪律的现象，针对出现的一些问题可随时抽查和复查，将抽查和复查的结果予以通报，根据违反工艺纪律的程度，对个人或责任部门进行批评教育或经济处罚。

对于检查通报后未按期整改的部门和个人，按有关规定惩处。

人力资源部门和财务资产部门应执行工艺纪律考核制度，按照考核纪要实施奖罚。

工艺纪律检查组根据检查结果，对各部门的执行状况进行综合评定，作为对该部门年终考核的依据。

②工艺纪律检查内容包括生产管理、工艺、质量、设备四个方面。

【考试要求】

熟悉中油测井企业标准，掌握产品图样及设计文件规范、装备制造工艺管理规范中对完整性、编制、设计更改、借用的标准化审查及管理的各项要求。

了解中油测井企业标准装备制造工艺管理规范及检查内容。

2. ERP 系统 BOM 数据管理知识

【考试内容】

（1）BOM 主数据

ERP 系统的产品 BOM 不是简单的数据列表，是企业产品结构化的数据体现，以父子层级关系，建立产品结构化清单，以便计算机信息化管理。如图 2-22 所示，BOM 的这种层级结构来源于产品的设计树，而产品设计树是根据产品特性要求划分的各项功能模块所确定的。

图 2-22　CAD 产品设计树

BOM 的这种父子层级结构是组织架构，物料及各项属性数据是组织内容。通过物料编码标识管理以及项目编号、组成的数量、单位、特殊获取等信息共同组成 ERP 系统的产品 BOM。

如表 2-3 所示，BOM 依据产品结构，机、电零部件和工艺数据，自上而下完整详细地记录了组成产品各部件、零件直到原材料之间的从属结构关系，以及数量、单位和其他生产管控属性，它是一种树型结构。工艺路线是按工艺规划设计建立的工序信息，二者共同组成 ERP 系统的产品制造 BOM 数据，缺一不可。

表 2-3 产品 BOM 结构及物料数据表

Lv	项目	组件号	对象描述	数量	Un
		10002561047	高速遥测伽马测井仪 CTGC1501 00150101000 EILog		
1	10	11005352648	测井仪配件 遥传伽马测井仪 遥传伽马外壳总成 00150101045	1	件
1	20	11005352649	测井仪配件 遥传伽马测井仪 遥传伽马线路芯子总成 00150101018	1	件
1	30	10001487575	测井仪配件 自然伽马测井仪 GR6401 二级刻度器 GRKU-1 福恒	1	件
1		11005352648	测井仪配件 遥传伽马测井仪 遥传伽马外壳总成 00150101045		
2	10	11004403889	测井仪配件 EILog 系列 护帽 00520011029 EILog	1	件
2	20	11004403865	测井仪配件 EILog 系列 插座限位销 520011017 EILog	1	件
2	30	11004403897	测井仪配件 EILog 系列 卡环 00520011002 EILog	2	件
2	40	11004403872	测井仪配件 EILog 系列 弹簧卡圈 00520011003 EILog	1	件
2	50	11004403873	测井仪配件 EILog 系列 挡环 00520011004 EILog	2	件
2	60	11004403899	测井仪配件 EILog 系列 螺纹环 00520011005 EILog	1	件
2	70	11005352638	测井仪配件 遥传伽马测井仪 CTGC1501 外壳体 00150101046	1	件
2	80	11004403876	测井仪配件 EILog 系列 堵头 00520011030 久易嘉横	1	件
2	90	11004370717	弹性圆柱销 3×24mm 1Cr18Ni9Ti GB/T879.4	1	件
2	100	11004391428	O 形圈 ϕ63.09×3.53mm 氟橡胶 V709-90 派克 2-230	4	件
1		11005352649	测井仪配件 遥传伽马测井仪 遥传伽马线路芯子总成 00150101018		
2	10	11005352640	测井仪配件 遥传伽马测井仪 SP 及电驱动板总成 00150101034	1	件
2	20	10003566070	遥传伽马测井仪 CTGC1501 信息化调制解调板总成 00150103500	1	件
2	30	10001742304	测井仪配件 遥传伽马短节 CTGC1501 信号处理板 0015010330*（1）	1	件

（2）工艺路线来源与组成

工艺路线是描述物料加工、零部件装配、测试、用时等工艺操作步骤和顺序的技术文件，是多个工序的序列表。

工艺路线包括物料信息、控制码、工作中心、工序信息、准备和加工工时数据。单个零部件工序间保持过程关系，各零部件之间无关（表 2-4）。

（3）物料码分类

石油行业标准《石油工业物资分类与代码》（SY/T 5497—2018）分类清单主要包含分类编码、分类名称（品名）、型号规格规范、计量单位等属性信息，如表 2-5 所示。

表 2-4 工艺路线数据表

表 2-5 物料维护申请表

例如：37810201 测井仪配件

分类编码：37810201

分类名称（品名）：测井仪配件

型号规格规范：仪器名称－仪器型号－配件名称－配件规格－商标（物料描述要求）

计量单位：件

产品 BOM 清单里的物料必须按照石油行业标准《石油工业物资分类与代码》（SY/T 5497—2018），进行标准化的描述，赋予一个物料编码后在 BOM 中标识管理。原则是一物一码。

【考试要求】

熟悉 ERP 系统 BOM 数据管理知识，掌握中国石油物资与分类标准要求、BOM 结构及工艺路线创建的数据来源和管理要求。

3. 测量与检验

【考试内容】

所谓"测量"就是将被测的量与作为单位或标准的量，在量值上进行比较，从而确定两者比值的实验过程。一个完整的测量过程应包含测量对象（如各种几何参数）、计量单位、测量方法（指在进行测量时所采用的计量器具与测量条件的综合）、测量精确度（或准确度，指测量结果与真值的一致程度）这四个要素。

在机械制造业中所说的技术测量，主要指几何参数的测量，包括长度、角度、表面粗糙度、几何误差等的测量。

（1）计量器具的分类

计量器具按用途、结构特点可分为以下4类。

①标准量具。

标准量具指以固定的形式复现量值的测量器具，包括单值量具（如量块、角度块等）和多值量具（如线纹尺等）两类。

②极限量规。

极限量规是一种没有刻度的专用检验量具。用这种量具不能得到被检验工件的具体尺寸，但能确定被检工件是否合格，如光滑极限量规、螺纹量规等。

③计量仪器。

计量仪器是指能将被测量值转换成可直接观察的示值或等效信息的计量器具。按构造上的特点和信号转换原理可分为以下几种：

A. 游标式量仪：如游标卡尺、游标高度尺及游标量角器等。

B. 微动螺旋副式量仪：如外径千分尺、内径千分尺等。

C. 机械式量仪：如百分表、千分表、杠杆比较仪和扭簧比较仪等。

D. 光学式量仪：如光学比较仪、自准直仪、投影仪、工具显微镜、干涉仪等。

E. 电动式量仪：指将被测量通过传感器转变为电量，再经过变换而获得读数的计量器具，如电感测微仪、电动轮廓仪等。

F. 气动式量仪：如水柱式和浮标式气动量仪等。

G. 光电式量仪：如光电显微镜、光电测长仪、3D激光扫描仪、光学视觉检测仪等。

④计量装置。

计量装置指为确定被测几何量所必需的计量器具和辅助设备的总体。

（2）测量的基本原则

阿贝原则：在长度测量中，应将标准长度量（标准线）安放在被测长度量（被测线）的延长线上。也就是说，量具或仪器的标准量系统和被测尺寸应成串联形式。

圆周封闭原则：圆周分度首尾相接的间隔误差总和为0。

最短尺寸链原则：测量时，测量链中各组成环节的误差对测量结果有直接的影响，即测量链的最终测量误差是各组成环节误差的累积值，因此，尽量减少测量链的组成环节以减小测量误差。

（3）测量误差

测量误差按性质分为随机误差、系统误差和粗大误差。

测量误差来源于测量装置误差、方法误差、环境误差、人员误差。其中环境因素中温度的影响较大，因此测量的标准温度为20℃。

（4）选择测量基准的原则

中间工序的测量基准应与原始基准重合，最后工序的测量基准应与设计基准重合。

测量基准要能够使测量简便、准确，所需量具不复杂。

机械制造中计量器具的选择主要决定于计量器具的技术指标和经济指标。综合考虑这些指标时，主要有以下两点要求：

①按被测工件的部位、外形及尺寸来选择计量器具，使所选择的计量器具的测量范围满足工件的要求。

②按被测工件的公差来选择计量器具。通常计量器具的选择可根据标准进行。对没有标准的其他工件检验用的计量器具，应使所选用的计量器具的极限误差占被测工件公差的1/10~1/3，其中对精度低的工件采用1/10，对高精度的工件采用1/3甚至1/2。

为了保证产品质量，GB/T 3177—2009对验收原则、验收极限和计量器具的选择等做了规定。

（5）螺纹互换性

影响螺纹互换性的主要因素是大径、中径、小径误差，螺距误差，牙型半角误差。在实际成批生产中依据泰勒原则，一般采用综合测量法对螺纹进行检测，以保证螺纹综合尺寸，特别是作用中径在极限尺寸范围内。

螺纹的综合检测是指同时检测螺纹的几个参数，主要用螺纹极限量规控制内、外螺纹的极限轮廓尺寸（图2-23）。

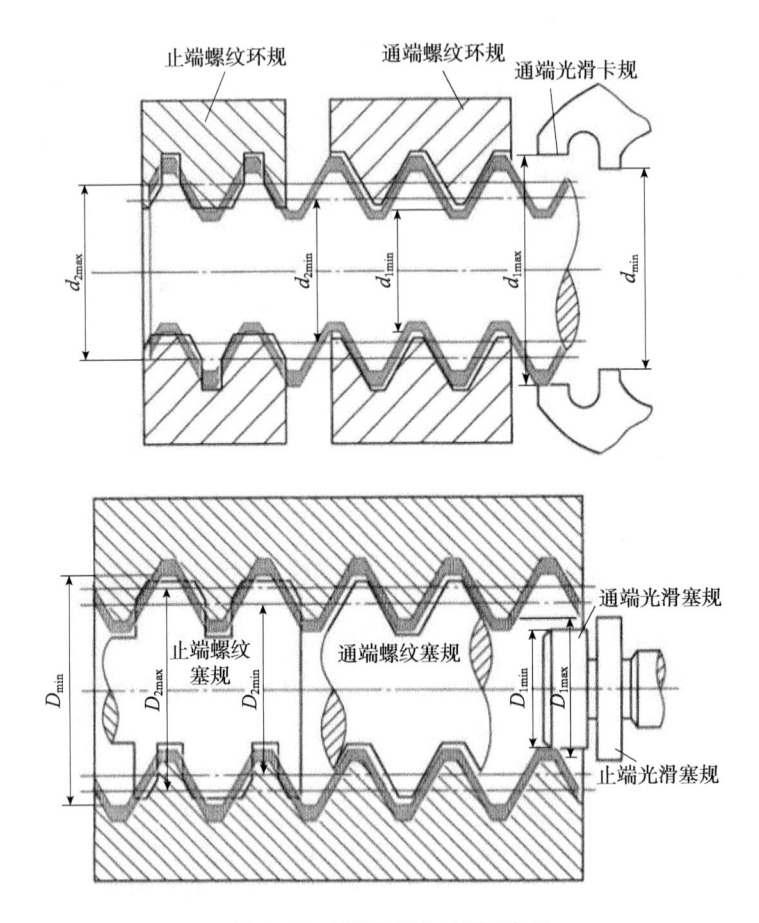

图 2-23 螺纹的综合检测示意图

内螺纹小径和外螺纹大径用光滑极限量规检测。通端光滑塞规和环规用于控制螺纹顶径的最大实体尺寸（内螺纹小径最小尺寸、外螺纹大径最大尺寸）；止端光滑塞规和环规控制螺纹顶径的最小实体尺寸（内螺纹大径最大尺寸、外螺纹小径最小尺寸）。

其他参数用螺纹量规检测，分为工作量规、验收量规、校对量规。

螺纹工作量规用于车间螺纹加工过程检测，一般按通端、止端量规成对使用。

螺纹通端工作塞规和环规代号 T，主要用于检测螺纹实际中径，控制螺纹最大实体尺寸，使用时必须全部旋合。

螺纹止端工作塞规和环规代号 Z，主要用于检测螺纹实际中径，控制螺纹最小实体尺寸，使用时旋合长度不应超过 2 个螺距。

【考试要求】

熟悉测量与检验基础知识，熟悉零部件加工制造的测量工具、测量方法和误差分类，掌握测井仪器常用螺纹连接结构的检测和质量控制要求。

第三部分

专业知识

一、裸眼井成像测井仪系列

（一）阵列感应测井仪

1. MIT1530 阵列感应测井仪（CPLog）

【考试内容】

（1）仪器结构及组成、刻度、常见故障判断

① MIT1530 阵列感应测井仪仪器结构。

仪器采用具有多个间距的 8 个简单的线圈阵列基本结构，这些基本线圈阵列特性经软件合成聚焦等处理可以得到我们需要的探测参数。

② MIT1530 阵列感应测井仪仪器组成。

MIT1530 阵列感应测井仪主要由电子线路、线圈系组成。电子线路主要由电源、主控、发射、前放带通、二级刻度以及温度等电路组成，线圈系主要由线圈系总成和压力平衡组成。

③ MIT1530 阵列感应测井仪仪器刻度。

仪器刻度包括主刻度、主校验、半空间三部分内容。

主刻度：通过求取仪器 K 值和直耦值，将仪器电信号转换成对应的电导率信号。主刻度包括无环刻度、小环刻度、中环刻度、大环刻度 4 项内容。

主校验：又称线性检查，用来检查仪器的线性。主校验包括主校验小环、主校验中环、主校验大环 3 项内容。

半空间刻度：主要是消除大地对仪器基值的影响，由低刻和高刻两部分组成。

④ MIT1530 阵列感应测井仪仪器常见故障判断。

电流大，电源测量不正常。该现象不一定是电源本身的问题，在排除电源板

未插错的情况下，先断开负载，只看电源本身，如本身不对，可先检查交流输入部分，如正常则检查开关电源输出部分；如空载正常，联调时不正常，则先排除其他电路板的影响。

无三电平信号。查看DSP是否正常，复位DSP，再次观察。检查CAN通信信号上电平是否正常。检查三电平产生电路输入端信号是否正常。

温度板主要由高精度参考电压芯片以及运放芯片组成，电路性能稳定。即便出现故障，只需测试以上两个芯片工作是否正常，更换即可。

二级刻度不稳。首先检查发射驱动板各个电源测试点信号，再测试发射驱动板上输入三电平信号，如不正常，查找采集板三电平输出电路；检查QQ11173A输出信号波形，如不正常则更换器件。

（2）仪器测井原理及应用、仪器主要技术指标、单元电路的构成及作用、数据采集电路构成、二级刻度电路知识

① MIT1530阵列感应测井仪仪器原理及应用。

MIT1530阵列感应测井仪通过发射线圈向井眼周围地层发射电磁场，经地层产生感应电动势，接收线圈接收二次场的感应电动势，通过刻度计算得到地层电导率。

② MIT1530阵列感应测井仪仪器主要技术指标。

测量范围：0.1~2000Ω·m。

纵向分辨率：30cm、60cm、120cm。

探测深度：25cm、50cm、75cm、150cm、225cm。

③ MIT1530阵列感应测井仪仪器单元电路的构成及作用。

MIT1530阵列感应测井仪电路系统主要由电源、主控采集板、前放带通板、发射驱动模块及二级刻度板构成。

电源模块主要由AC-DC与DC-DC两个模块构成。

前放带通电路实现MIT1530阵列感应测井仪接收线圈的微弱信号预处理，主要完成短阵列06/09/12/15和长阵列21/27/39/72共8道测量信号与二级刻度信号的前置放大和滤波处理。

前放带通电路主要由测量与刻度切换电路、前置放大电路、带通滤波电路以及求和输出电路四部分构成。测量与刻度切换电路主要对测量信号与刻度信号进行切换。前置放大电路主要对微弱信号进行放大。为了有效抵制噪声，前放带通板采取差分输入，同时为了消除漂移电压，前置放大采用两级差分输入放大结构。前级采用深度电压串联负反馈电路，后级通过减法器实现差分输入。该电路具有高输入阻

抗、很强的共模抑制能力和较小的输出漂移电压。

带通滤波电路主要用于实现 26.256kHz、52.512kHz 以及 105.024kHz 三种频率的滤波处理。

发射电路：为得到多频发射信号，并在不同子阵列上的不同频率信号大小基本一致，设计了三种发射频率，远阵列使用低、中频信号，近阵列使用高频信号，中阵列使用中、高频信号。

发射模块给发射线圈提供发射信号。阵列感应发射信号为三电平方波信号（基频为 26.256kHz、二次谐波为 52.512kHz、三次谐波为 105.024kHz），发射电流大小分别为 1A、1/4A 和 1/16A。发射信号接收数据采集短节送来的时钟逻辑控制。

④ MIT1530 阵列感应测井仪仪器数据采集电路构成。

数据采集电路作为阵列感应测井仪的核心部分，由 1 个 DSP、1 个 FPGA 和 8 个 A/D 采集信号通道组成。另外还包括井下仪器总线接口电路 CAN 和辅助测量。DSP 完成信号道的数字相敏检波，计算信号道实分量和虚分量，实现井下仪器总线接口电路 CAN 的控制、命令接收识别，提供三电平发射时钟信号。FPGA 实现 8 个 A/D 采集信道的控制、PGA 增益控制、MUX 模拟开关的选通、信号道数据的叠加处理等，将处理结果送给 DSP。

数据采集部分功能除了数据采集外，还具有通信接口、控制、D/A、数字相敏检波、增益控制等功能。其中 DSP 负责按既定帧格式进行数据组织和通信、8 路信号计算以及产生各种控制信号（除了 A/D、可控增益放大外，还产生各种模拟信号，如发射三电平控制信号、检测信号等）。

⑤ MIT1530 阵列感应测井仪仪器二级刻度电路知识。

二级刻度电路是发射线圈电流经耦合变压器取样后，得到一个正比于发射电流的小电压信号。

二级刻度电路由取样电路、选通开关、驱动电路以及电阻衰减网络四部分构成。

（3）仪器探测特性

MIT1530 阵列感应测井仪仪器的探测特性是具有多种纵向分辨率、多种径向探测深度，可以形成 14 条原始曲线。在测井中，同轴线上排列不同间距的 8 个简单线圈阵列，它们具有不同频率的测量信号，频率越高受趋肤效应影响越大。

【考试要求】

熟悉仪器测井原理及应用、仪器主要技术指标、单元电路的构成及作用、数据采集电路构成、二级刻度电路知识。

了解仪器探测特性。

2. MIT1531阵列感应测井仪（CPLog）

【考试内容】

（1）仪器的发射电路结构、刻度、常见故障判断

① MIT1531阵列感应测井仪发射电路结构。

发射电路：发射电路里的发射模块设计的取样电路，其取样信号就是二级刻度的输入信号。发射电路主要由高压滤波板、发射驱动板及发射滤波电路组成。高压滤波板对AC-DC开关电源提供的±24V经过滤波电路输出48V（HV-HVR），使发射驱动电路工作时引起高压上纹波与开关电源有较好隔离。发射驱动板主要由173（或153001）、245（或153002）两种厚膜电路组成，第一种厚膜电路主要对三电平控制信号进行时钟及同步恢复，产生四种具有一定相位关系的四种控制信号。第二种厚膜电路主要由功率开关组成，在四种控制信号作用下依次形成三种电平交替切换的发射信号，再通过电感器、电容器及功率电阻器等组成的低通滤波器滤除高次谐波。通过发射变压器及CL电路（L相当于发射线圈电感器）产生的发射信号功耗较低，因而功率较高。

发射模块给发射线圈提供发射信号。阵列感应发射信号为三电平信号（基频为26.256kHz、二次谐波为52.512kHz、三次谐波为105.024kHz），发射电流大小分别为1A、1/4A和1/16A。发射信号接收数据采集短节送来的时钟逻辑控制。

② MIT1531阵列感应测井仪刻度。

仪器刻度包括主刻度、主校验、半空间三部分内容。

主刻度时间要求是每隔3个月一次。主刻度要求仪器高于地面3m以上。主刻度要求刻度点周围50m×50m范围无铁磁性物质。主刻度是通过求取仪器K值和直耦值，将仪器电信号转换成对应的电导率信号。主刻度包括无环刻度、小环刻度、中环刻度、大环刻度4项内容，小环和中环的刻度电阻均为10Ω，大环刻度电阻为5Ω。

主校验又称线性检查，用来检查仪器的线性。主校验包括主校验小环、主校验中环、主校验大环3项内容。

半空间刻度主要是消除大地对仪器基值的影响，由低刻和高刻两部分组成。

③ MIT1531阵列感应测井仪常见故障的判断。

无三电平信号。查看DSP是否正常，复位DSP，再次观察。检查CAN通信信号上电平是否正常。检查三电平产生电路输入端信号是否正常。

部分采集通道自刻度倍数异常。检查JP2的DA输出波形是否正常，再检查该

道的 PGA 前后波形是否畸变。检查 ADC 输入输出信号是否正常。

温度板主要由高精度参考电压芯片以及运放芯片组成，电路性能稳定。即便出现故障，只需测试以上两个芯片工作是否正常，更换即可。

二级刻度不稳。首先检查发射驱动板各个电源测试点信号，再测试发射驱动板上输入三电平信号，如不正常，查找采集板三电平输出电路；检查 QQ11173A 输出信号波形，如不正常则更换器件。

线圈系检查测量值与出厂值有 10% 以上的偏差或者是无穷大，就说明线圈通断有问题。

（2）仪器测井原理、单元电路的构成及作用、数据采集电路的构成、二级刻度电路知识

① MIT1531 阵列感应测井仪测井原理。

MIT1531 阵列感应测井仪通过发射线圈向井眼周围地层发射电磁场，经地层产生涡流，涡流又产生二次磁场，接收线圈产生相应感应电动势，其大小与地层电导率成正比关系。阵列感应仪器有 7 组接收线圈和 1 组发射线圈，形成 7 个三线圈子阵列，每个线圈阵列接收具有不同探测深度和不同纵向分辨率的地层信号的实分量和虚分量。不同阵列测量信号经过地面阵列感应相关数据处理得到 3 种纵向分辨率、6 种探测深度的测井曲线，电路部分采用实时刻度校正、低噪声宽频带小信号放大、DSP 多频多通道数据采集和数字相敏检波等关键技术环节，仪器具有高精度温度图版校正功能、大角度斜井测井功能、自适应钻井液井眼校正功能、自然电位测量功能。

MIT1531 阵列感应测井仪线圈系由 1 个发射线圈和 7 组接收线圈组成，每组接收线圈由 1 个主接收线圈和 1 个辅助接收线圈组成，其中辅助接收线圈是用来抵消主接收线圈的直耦分量。

② MIT1531 阵列感应测井仪单元电路的构成及作用。

MIT1531 阵列感应测井仪电路系统主要由开关电源、主控采集板、前放低通板、发射驱动模块及二级刻度与温度板构成。

电源模块：电源模块主要由 AC-DC 与 DC-DC 两个模块构成。AC-DC 模块包括一组输入、三组输出，输入为 AC220V，频率 50Hz，输出包括 1 组 36V 和 2 组 24V，其中 3 个高压的 GND 均独立。DC-DC 模块包括 1 组输入、8 组输出。输入来自 AC-DC 模块输出的 36V，输出 CAN3.3V、D+5V、A±5V、PA±5V、T±15V 共 8 组电源，其中 GND 均独立，除了 CANGND 外其余地最终接到电子仪骨架。

前放低通板：前放低通电路实现 MIT1531 阵列感应测井仪接收线圈的微弱信号

预处理，前放低通（1～4道）板完成阵列6/10/16/24测量信号与二级刻度信号的前置放大和低通滤波处理，还包括二级刻度衰减网络电路。前放低通（5～8道）板完成39/60/94道测量信号与二级刻度信号的前置放大和低通滤波处理，还包括二级刻度衰减网络电路，两块前放低通板不能互换使用。

前放低通电路主要由测量与刻度切换电路、前置放大电路、低通滤波电路三部分构成。低通滤波电路使26.256kHz、52.512kHz以及105.024kHz三种频率信号都能通过该电路，滤除更高次谐波。

温度处理电路由LT1019 2.5V电源及AD8229仪表放大器组成。

③ MIT1531阵列感应测井仪数据采集电路的构成。

数据采集电路作为阵列感应测井仪的核心部分，由1个DSP、1个FPGA和8个A/D采集信号通道组成（第8通道备用）。另外还包括井下仪器总线接口电路CAN和辅助测量。DSP完成信号道的数字相敏检波，计算信号道实分量和虚分量，实现井下仪器总线接口电路CAN的控制、命令接收识别，提供三电平发射时钟信号。DSP除了产生发射电路启动控制波形外，还完成温度、电压等辅助参数的采集与处理。FPGA实现8个A/D采集信道的控制、PGA增益控制、MUX模拟开关的选通、信号道数据的叠加处理等，将处理结果送给DSP。

④ MIT1531阵列感应测井仪二级刻度电路知识。

二级刻度电路由取样电路、选通开关、驱动电路以及电阻衰减网络四部分构成。

【考试要求】

掌握仪器的发射电路结构、刻度、常见故障的判断。

熟悉仪器测井原理、单元电路的构成及作用、数据采集电路的构成、二级刻度电路知识。

3.1515 高分辨率阵列感应测井仪（5700）

【考试内容】

（1）仪器原理、线圈系和不同的电子线路组合

该测井仪是以电磁感应原理为理论基础，其线圈系基本单元采用3线圈系结构（1个发射、2个接收基本单元）。它运用了2个双线圈系电磁场叠加原理，实现消除直耦信号影响的目的。线圈系由7组基本接收单元（源距为6～94in）组成，共用一个发射线圈，使用8种频率（10kHz、30kHz、50kHz、70kHz、90kHz、110kHz、130kHz、150kHz）同时工作，测量112个原始实分量和虚分量信号，通过多路遥测短节，把采集的大量数据传输到地面，再经计算机进行预处理、趋肤校正

等，得出具有不同探测深度和不同纵向分辨率的电阻率曲线。刻度后的线圈系可以和不同的电子线路组合。

（2）发射控制板更换要求、线圈系温度

线圈系上有两个温度传感器进行温度校正，两个传感器输出的曲线为RXTEMP和TXTEMP，而且这两个传感器还可以作为监视器，例如，检查由于速度过快而造成的线圈系的温度偏差，如果两个传感器之间的温度差超过10℃，则应在测井前等待一段时间以使温度稳定。

该仪器发射控制板有一个EPROM芯片，包含有线圈系参数，发射控制器板被调换，则EPROM必须从旧板上拔下来，重新安装到新板上去。

（3）技术指标、数据传输模式

①传输方式：标准WTS。

②模式（Modes）。

命令（Command）：Mode2。

仪器状态（Tool Status）：Mode2。

数据（Data）：Mode5或Mode7。

③探测深度。

纵向探测深度：1ft、2ft、4ft。

径向探测深度：10in、20in、30in、60in、90in、120in。

④测量动态范围：0.1~2000Ω·m。

⑤传感器：7组3线圈阵列组合。

⑥工作电源：180V（AC），小于300mA。

（4）DSP板信号来源、主从板区分

1515阵列感应测井仪的DSP板有8个通道，信号来自7个接收线圈和B-field。1515阵列感应有2个同样的DSP板，是通过各自板上的4个跳线插头所设定的地址来区分主从板的。

DSP总是用两个缓冲器进行工作，一个缓冲器应用于建立波形，另一个缓冲器准备向C30基本数字控制器发送数据。

（5）刻度注意事项

把仪器放在至少10ft高的刻度台上，将刻度线圈放在电子线路部分。保证仪器距离其他铁磁性物质30ft。如有可能，在线圈系上装上DPIL的热屏蔽。

仪器供电180V（AC），建立Mode2和Mode5的通信，仪器预热10~15min。确定线圈系的2个温度传感器（处理曲线Processed Curves）的"SHOW"窗口中的

RXTEMP 和 TXTEMP 曲线读值在进行主刻度前彼此相差在 5℃以内。

（6）发射控制器的主要功能

发射控制器的主要功能是：产生驱动发射器所需的逻辑；产生发送到采集系统的同步逻辑；产生控制仪器不同工作方式的开关逻辑（如 Log、Cal、Zero）；测量线圈系中两点处的温度；选择一种参考信号；存储与线圈系有关的刻度数据。

（7）主电子线路 C30 板功能

电子线路 C30 板的功能是：与地面进行通信（命令译码，发送和接收数据）；采集波形，进行进一步的处理（压缩处理）；与仪器的发射部分进行通信。

（8）电路概述

仪器向地层发射一个合成的电磁波，用不同的线圈阵列检测这个复合波，各接收信号经过井下仪器处理后，送往地面计算机。

发射部分是仪器的核心部分，该部分产生仪器正常工作时所需的各种时序信号。仪器工作时设置的有关参数可以通过命令传送到该部分进行改变。发射部分与仪器其他部分之间的通信，通过一对平衡的双扭线串行进行。

测井仪的前置放大部分，位于线圈系的上部，包含了所有的前置放大通道。前置放大器通道由平衡输入放大器、宽频带带通滤波器、平衡输出驱动器三部分组成。

【考试要求】

掌握 1515 阵列感应测井仪原理、线圈系和不同的电子线路组合。

掌握 1515 阵列感应测井仪发射控制板更换要求和线圈系温度注意事项。

掌握 1515 阵列感应测井仪技术指标、数据传输模式。

掌握 1515 阵列感应测井仪 DSP 板信号来源、主从板区分。

掌握 1515 阵列感应测井仪刻度注意事项。

掌握 1515 阵列感应测井仪发射控制器的主要功能。

掌握 1515 阵列感应测井仪主电子线路 C30 板功能。

掌握 1515 阵列感应测井仪部分电路概述。

4. 3DIT6531 三维感应测井仪（CPLog）

【考试内容】

（1）仪器结构及组成、工作原理、刻度和常见故障判断

① 3DIT6531 三维感应测井仪结构及组成。

3DIT6531 三维感应线圈系由 1 组发射线圈 T（X/Y/Z）、7 组阵列接收线圈（6Z/10Z/16Z/24XYZ/39Z/60XYZ/94XYZ）、共 13 组子阵列接收线圈组成，T/24/60/94 线圈

系是 X/Y/Z 三轴复合线圈系结构。每组接收线圈由 1 个主接收线圈和 1 个辅助接收线圈组成，其中辅助接收线圈用来抵消主接收线圈的直耦分量。

3DIT6531 三维感应测井仪供电时，数据采集处理电路产生三电平控制信号分时提供给 3 组发射电路（X/Y/Z），启动发射控制电路。发射信号经驱动后由发射线圈向地层发射电磁波，13 组接收子阵列线圈接收由地层二次涡流产生的感应信号，即有 13 道接收测量信号。

3DIT6531 三维感应测井仪主要由电子线路、线圈系组成。

② 3DIT6531 三维感应测井仪工作原理。

3DIT6531 三维感应测井仪通过发射线圈向井眼周围地层发射电磁场，经地层产生感应电动势，接收线圈接收二次场的感应电动势，通过刻度计算得到地层电导率。仪器设计了 7 组接收线圈和 1 组发射线圈，每组线圈分别接收具有不同探测深度和不同纵向分辨率的地层信号的实分量和虚分量。同时，为了测量径向地层电阻率，在 T/24/60/94 线圈系上同时设置 X/Y/Z 线圈组。各子阵列随着线圈距的增加其探测深度逐渐增大，纵向分辨率逐渐减小。

③ 3DIT6531 三维感应测井仪发射电路。

发射电路为得到多频发射信号，并在不同子阵列上的不同频率信号大小基本一致，设计了 3 种发射频率，远阵列使用低、中频信号，近阵列使用高频信号，中阵列使用中、高频信号。远阵列接收线圈离发射线圈最远，在相同的发射电磁强度情况下接收的感应信号最小，此时选取发射电磁强度大，使信号幅度得到提高。相反，近阵列接收线圈离发射线圈最近，在相同的发射电磁强度情况下接收的感应信号大，此时选取发射电磁强度小，使接收信号幅度基本一致。这种等时交替变化的发射信号的电流大小与频率的平方成反比。

发射模块给发射线圈提供发射信号。三维感应发射信号为三电平方波信号：基频为 26.256kHz，发射电流为 1A；二次谐波为 52.512kHz，发射电流为 1/4A；三次谐波为 105.024kHz，发射电流为 1/16A。发射信号接收数据采集短节送来的时钟逻辑控制。为了实时刻度，发射模块设计了一个电流取样电路，其取样信号送到接收短节作为二级刻度信号源。发射模块由发射波形产生器、开关控制产生器、高压滤波和电流取样电路等部分组成。

④ 3DIT6531 三维感应测井仪刻度和常见故障的判断。

仪器刻度：

每三个月，需要对仪器进行一次刻度。

刻度应在空旷环境下进行，刻度点周围 30m × 50m 应无铁磁性物质，刻度不能在雨天、下雪天进行。

仪器刻度包括主刻度、主校验、半空间三部分内容。

主刻度是通过求取仪器 K 值和直耦值，将仪器电信号转换成对应的电导率信号。主刻度包括无环刻度、小环刻度、中环刻度、大环刻度 4 项内容。

主校验又称线性检查，用来检查仪器的线性。主校验包括主校验小环、主校验中环、主校验大环 3 项内容。

半空间刻度主要是消除大地对仪器基值的影响，由低刻和高刻两部分组成。

常见故障的判断：

电流大，电源测量不正常。该现象不一定是电源本身的问题。先检查电源模块，断开各个电路板电源输入端的接线，在电源接线板用万用表检查各个输出电压是否正常，如不正常，再检查 AC-DC 模块的 36V 输出是否正常。最后按照以下检查顺序检查；接上采集板，地面检查通信是否正常，正常则再连接上前放板、二级刻度板，检查二级刻度倍数是否正常，然后检查发射驱动板单板工作是否正常。

二级刻度不稳。首先检查发射驱动板各个电源测试点信号，再测试发射驱动板上输入三电平信号，如不正常，查找采集板三电平输出电路；检查发射驱动板输出信号波形，如不正常则更换器件。二级刻度电路主要由高精度参考电压芯片和运放芯片组成，电路性能稳定。即便出现故障，只需测试以上两个芯片工作是否正常，如不正常，更换即可。

（2）仪器主要技术指标、电路构成及刻度

① 3DIT6531 三维感应测井仪主要技术指标。

纵向分辨率：0.3cm、0.6cm、1.2cm。

探测深度：

Rh：0.25m、0.5m、0.75m、1.5m、2.25m、3.0m。

Rv：0.5m、1.5m、3.0m。

不适用钻井液：盐水钻井液。

适用钻井液：淡水钻井液、油基钻井液、气体钻井流体。

② 3DIT6531 三维感应测井仪电路构成。

3DIT6531 三维感应测井仪电路系统主要由电源模块、数据采集板、前放板、发射驱动模块及二级刻度板构成。

电源模块主要由 AC-DC 与 DC-DC 两个模块构成。AC-DC 模块包括一组输入、三组输出。输入为 AC220V，频率 50Hz，输出包括一组 36V 和两组 24V。

数据采集板功能除了数据采集外，还具有通信接口、控制、数字相敏检波、增益控制等功能。

前放板实现仪器接收线圈的微弱信号预处理，主要完成阵列 6Z/10Z/16Z/24XYZ/39Z/60XYZ/94XYZ 共 13 道测量信号与二级刻度信号的前置放大和滤波处理。为了有效抵制噪声，前放板采取差分输入，同时为了消除漂移电压，前置放大采用两级差分输入放大结构。前级采用深度电压串联负反馈电路，后级通过减法器实现差分输入。

二级刻度板实现发射线圈电流经耦合变压器取样后，得到一个正比于发射电流的小电压信号。二级刻度板由取样电路、选通开关、驱动电路以及电阻衰减网络四部分构成。取样电路是由两个精密电阻对地并联构成，目的是将采样线圈的电流信号通过电阻转化成电压信号，对地构成选通电路。驱动电路由双运放构成，对称布局实现一对差分信号的驱动。电阻衰减网络是由经过驱动后的差分输入信号通过衰减网络，产生多组不同比例的输出刻度信号，13 道刻度信号与测量信号分时进入前放板。

（3）仪器探测特性

【考试内容】

基于电磁感应测量原理的 3DIT6531 三维感应测井仪是测量地层电导率的一种测井仪器。阵列感应能够详细划分侵入剖面、准确确定地层真电阻率等优点，但是也暴露出在各向异性油藏的局限性：当地层不垂直于仪器轴时，由于附近导电地层的影响，所测得的倾斜地层的电阻率值会远低于实际电阻率，导致储量低估；层间非均质性，甚至是层内的非均质性，也会影响测井仪器的响应；难以应对的另一个地层特性是电学各向异性，在页岩以及平行层理面的薄层砂页岩层序中，当地层厚度小于感应测井仪器的垂直分辨率时，测量结果是各层的加权平均值，其中最低电阻率部分的贡献最大，这一现象会掩盖油气层的特征。作为阵列感应升级产品，三维感应测井仪能够提高斜井和水平井的地层电阻率的测量精度，同时能够提供地层倾角大小和方位等信息，提升早期阵列感应测井仪的应用水平，仪器使用扶正器必须安装在离线圈系 0.5m 以上的距离处。

【考试要求】

掌握 3DIT6531 三维感应测井仪的结构及组成、工作原理、刻度和常见故障判断。

熟悉 3DIT6531 三维感应测井仪主要技术指标和电路构成。

了解 3DIT6531 三维感应测井仪探测特性。

（二）阵列侧向测井仪

1. HAL6506 阵列侧向测井仪（CPLog）

（1）仪器描述

【考试内容】

HAL6506 阵列侧向测井仪采用多个电极环组成电极系结构、多频率电路设计和硬聚焦方法，该仪器具有 0.3m 的纵向分辨率，一次下井可以取得 6 条视电阻率曲线，通过反演可得到地层真电阻率，用于划分薄层，描述地层侵入特性以及求取地层含油饱和度，不但具有较好的薄层分辨能力，而且 6 条不同探测深度测量曲线，提高了径向探测信息。

【考试要求】

掌握仪器的作用、聚焦方式、测井曲线等。

（2）主要性能及技术指标

【考试内容】

①测量内容（见表 3-1）。

表 3-1 HAL6506 测量内容

测量范围，Ω·m	0.2 ~ 40000
纵向分辨率，m	0.3
探测深度，m	0.25、0.32、0.39、0.48、0.64
主曲线	RAL0 ~ RAL5 6 条视电阻率曲线

②井眼条件。

HAL6506 阵列侧向测井仪可以在裸眼井的淡水和盐水钻井液的条件下测井，不能在金属套管井或者油基钻井液、气体钻井流体条件下测井。测井时，要求仪器居中。钻井液电阻率范围为 0.02 ~ 100Ω·m。

【考试要求】

掌握仪器的测量范围、探测深度、纵向分辨率等主要技术指标要求，了解仪器测井井眼条件。

（3）仪器方法原理

【考试内容】

HAL6506 采用 6 种探测模式，其中一种模式为钻井液及井眼影响探测模

式 AL_0，另外 5 种探测模式为 $AL_1 \sim AL_5$，探测径向不同深度的地层电阻率。$AL_1 \sim AL_5$ 均采用三侧向工作方式，通过改变屏流电极长度、屏流返回电极位置或使用监控电极以及调节其位置来实现。5 种不同探测深度测量具有基本相同的纵向分辨率，且分辨率较高。

这 6 种工作模式同时工作需要相应的 6 种工作频率。考虑到地层电抗效应的影响，采用数字检波时要能够将这些多频微弱信号准确地提取出来，在设计中，使用硬聚焦的 6 种工作频率（$F_0 \sim F_5$）同时工作，通常在仪器设计时要求探测深度越浅频率越高。

①钻井液及井眼影响探测 AL_0。

电流从主电极流出，返回到电极 $A_1 \sim A_6$（$A_1' \sim A_6'$）。测量 M_0（M_0'）与 M_{1b}（M_{1b}'）之间的电位差。由于主电流没有聚焦，返回电极又很近，所以主要探测钻井液和井眼影响。

②浅探测 AL_1。

主电流电极为 A_0，屏蔽电流电极为 A_1（A_1'），电流回路电极为 A_2（A_2'）、A_3（A_3'）、A_4（A_4'）、A_5（A_5'）和 A_6（A_6'）。A_0 和 A_1（A_1'）分别供同相位电流，测井时使 M_0（M_0'）、M_{1b}（M_{1b}'）电压相等（M_0、M_0'、M_{1b}、M_{1b}' 相当于取样电极功能），即 $V_{M_0(M_0')} = V_{M_{1b}(M_{1b}')}$，$A_0$ 电极电流 I_0 在 A_1（A_1'）电极电流 I_1 屏蔽下，以垂直井壁的方向进入地层。电流返回电极 A_2（A_2'）、A_3（A_3'）、A_4（A_4'）、A_5（A_5'）由于返回电极离 A_0 很近，I_0 在进入地层后不远即散开，探测深度浅。

③ AL_2。

主电流 I_0 由 A_0 流出，屏流由 A_1（A_1'）、A_2（A_2'）流出，保持 $V_{M_0(M_0')} = V_{M_{1b}(M_{1b}')}$，$V_{M_{1t}(M_{1t}')} = V_{M_{2b}(M_{2b}')}$，电流返回到 A_3（A_3'）、A_4（A_4'）、A_5（A_5'）、A_6（A_6'）。由于 I_0 进入地层较深才发散，故探测深度比上一方式深。

④中探测 AL_3。

A_0 供主流，由 A_1（A_1'）、A_2（A_2'）、A_3（A_3'）供屏流，并使 $V_{M_0(M_0')} = V_{M_{1b}(M_{1b}')}$，$V_{M_{1t}(M_{1t}')} = V_{M_{2b}(M_{2b}')}$，$V_{M_{2t}(M_{2t}')} = V_{M_{3b}(M_{3b}')}$，电流返回到 A_4（A_4'）、A_5（A_5'）、A_6（A_6'），探测深度比上一方式又增加。

⑤中深探测 AL_4。

A_0 供主流，由 A_1（A_1'）、A_2（A_2'）、A_3（A_3'）、A_4（A_4'）供屏流，使 $V_{M_0(M_0')} = V_{M_{1b}(M_{1b}')}$，$V_{M_{1t}(M_{1t}')} = V_{M_{2b}(M2_{2b}')}$，$V_{M_{2t}(M_{2t}')} = V_{M_{3b}(M_{3b}')}$，$V_{A_3(A_3')} = V_{A_4(A_4')}$，电流返回到 A_5（A_5'）、A_6（A_6'），探测深度比上一方式又增加。

⑥深探测 AL_5。

A_0 供主流，由 A_1（A_1'）、A_2（A_2'）、A_3（A_3'）、A_4（A_4'）、A_5（A_5'）供屏流，屏流返回到 A_6（A_6'）。

【考试要求】

掌握仪器的测井原理、聚焦原理，熟悉 5 种探测模式为 $AL_1 \sim AL_5$ 的屏流、主流的供电电极及回路电极。了解仪器的聚焦方式、工作方式和相敏检波方式，了解仪器工作频率与探测深度的关系。

（4）仪器结构和工作原理

【考试内容】

①仪器整体结构。

仪器由阵列电极系、绝缘隔离体、电子仪等三大部分组成。使用六个绝缘隔离体，分别将中部电极系（含部分电子线路）、上下电子仪短节、上下 A_6（A_6'）电极对分离开。

②工作原理。

仪器加电后，首先由井下 DSP 控制电路产生初始命令，控制仪器工作状态和各屏流大小，屏流包括 I_{f_1}，I_{f_2}，I_{f_3}，I_{f_4}，I_{f_5}，采用恒功率方式。将实测到的当前功率与标准功率进行比较，调节当前屏流大小，使实测功率接近或等于标准功率。

仪器电路主要包括数据采集控制电路、聚焦控制电路、测量放大电路、刻度电路、遥测接口电路等。

信号发生器电路在主控 DSP 控制下产生 6 道不同频率的正弦波信号源，供功率放大级输出屏流迫使 A_0 主电流以扁平形状垂直井壁方向流进地层。聚焦控制电路为测量监控电极间的剩余电位差，根据所测量的剩余电位差来调整屏蔽电流的大小，使屏蔽电极间的剩余电位差为 0；同时向电极系供电电极提供单频率功率电源信号。3 道测量通道测量主监督电极电压、电位差和主电极电流信号，分别进行高精度模数转换后传送至主控板数字处理。

内刻度电路在 DSP 控制下产生特定频率和标准幅度的电位、电位差和电流信号来标定测量通道增益和偏差，检验测量电路的线性。地层模拟盒根据 3 层模型模拟不同的钻井液、围岩和地层电阻率组合，设计成 9 挡，检验仪器工作状况。

【考试要求】

掌握仪器组成、屏流控制方式、内刻度电路的工作原理，了解仪器工作原理。

（5）电子线路概述

【考试内容】

阵列侧向测井仪电路共有三部分，分别分布在上电子仪（上 A_5 电极筒内）、中电子仪（阵列电极系芯棒内部）和下电子仪中（下 A_5 电极筒内）。电子线路主要包括数据采集控制电路、信号发生器电路、聚焦控制电路、测量放大电路、刻度电路、遥测接口电路等。

①上电子仪电路：包括直流电源电路、主控制电路。

②阵列电极系（内置中电子仪）：中电子仪包含 6 种频率正弦信号发生器电路，电流、电位和电位差信号放大与采集电路以及刻度电路。

③下电子仪：包括 5 道辅助聚焦供电电路。

【考试要求】

掌握电子线路的结构和组成，熟悉信号的检波方式，了解上、下电子仪外壳在电极系中的作用。

（6）聚焦控制电路板

【考试内容】

聚焦控制电路的主要功能为测量监控电极间的剩余电位差，根据所测量的剩余电位差来调整屏蔽电流的大小，使屏蔽电极间的剩余电位差为 0。仪器辅助聚焦控制电路共有 5 道，完成 5 个探测深度模式的聚焦和供电。

对于辅助监控电路通道 1，输入端 M_2、M_3 电极，输出端 A_1、A_2 电极。其作用是为 A_1、A_2 之间提供 f_1 频率的屏流，并使除该频率外的其他 5 种频率在电极 A_1、A_2 电极上电位相等。电路由取样放大电路、选频电路、加法电路、功放电路和变压器组成。

监督电极上的微弱信号经过放大电路放大后，选频电路完成本频率对应的信号通过，尽量压制工作频率以外的频率信号，再经加法电路对供电信号和监控信号合成，经功放电路和变压器驱动到 A_1 和 A_2 电极上。A_2—A_3、A_3—A_4 电极辅助监控电路与 A_1—A_2 原理相同，而 A_4—A_5、A_5—A_6 电极参考电位直接取自供电电极本身。

【考试要求】

掌握聚焦电路的工作原理及电路的组成、功能，选频电路的作用，了解各电极辅助监控电路原理。

（7）电极系结构及测试

【考试内容】

阵列侧向电极系电极数量共有 25 个，其中 13 个供电电极、12 个监控电极，电极系总长为 13.2m。其中主电流电极 A_0，屏流电极 A_1、A_2、A_3、A_4、A_5、A_6，上下对称。6 对监控电极：主监控电极对 M_0—M_1，辅助监控电极 M_2—M_3、M_4—M_5，围绕 A_0 上下对称分布，分别监控 A_0—A_1、A_1—A_2、A_2—A_3、A_3—A_4 电极之间电位。

分别将中部电极系（内置中电子线路，前置放大电路在电极系的下部）、上下电子仪短节、上下 A_6（A_6'）电极对分离开。电极系中部采用注油方式，上有应力弹簧，下有压力平衡（活塞式压力平衡），电极之间采用端面密封。电极系电极间的绝缘检查一般采用数字万用表，不能用兆欧表测试。

【考试要求】

掌握电极系的组成与结构，熟悉电极系的测试方法，了解电极系的密封方式和压力平衡方式。

（8）仪器刻度及线性测试

【考试内容】

将上、下电子仪分别装进上、下电子仪外壳，中电子仪装进电极系，再将上电子仪、电极系和下电子仪硬连，接上刻度盒。给仪器供电，地面供电系统控制加缆头电压为220V，电流约为0.2A。仪器在正常状态下的表征是：给仪器供电，将仪器分别置于高、低刻挡，从显示器刻度窗口可看到电流、电压及电位差信号高低刻数据，电压、电流高低刻数据大小之比应为30∶1，电位差高低刻数据大小之比为100∶1；再将仪器分别置于测井挡，检查刻度盒各挡电阻率与标准值应相符。

阵列侧向刻度软件的主要目的是用内刻度来确定仪器常数 K 值，K 值隐含了不同测量深度的电极系系数。内刻度电路在DSP控制下产生特定频率和标准幅度的电位、电位差和电流信号来标定测量通道增益和偏差，检验测量电路的线性；外刻度用模拟地层电阻率的地层测试盒进行，主要用来检测仪器的线性相关性和工作状态。

【考试要求】

掌握仪器通电测试时的供电流要求、连接顺序，熟悉仪器内刻度的作用，了解电压、电流高低刻的比值，地层测试盒的作用。

2. 1249XA 阵列侧向测井仪（5700）

（1）总体描述及技术指标

【考试内容】

1249XA阵列侧向测井仪的纵向、横向分辨率更高，探测范围更广，它能采集4条不同探测深度的曲线，即18in、26in、38in、74in。

该仪器测井需要在 A_4 电极和 A_5 电极之间加一个绝缘短节，需要居中测量。

仪器测井时，仪器串中连接动力推靠臂的仪器时，必须将遥传3514仪器上端的连接头更换成BLOCK1。

仪器线路与电极系为一体，上下端需要10～14ft长度的其他仪器作为 A_4 对称电极。

使用该仪器时必须在仪器上部接入4430XB电源适配器短节，否则无法建立通信。

1249XA阵列侧向测井仪的A_5电极尺寸必须对称。

【考试要求】

掌握1249XA阵列侧向测井仪测井时要求、总体描述、探测深度曲线及测井注意事项。

（2）工作频率、控制器板

【考试内容】

该仪器的工作频率被选择为一个基频15Hz的整数倍。它们分别是105Hz、135Hz、165Hz、195Hz。

该仪器的控制器板，包含通信接口、参考信号生成电路、数据采集电路、控制电路。

【考试要求】

掌握1249XA阵列侧向测井仪工作频率、控制器板组成。

3. ALT6507方位阵列侧向测井仪（CPLog）

【考试内容】

（1）仪器描述

ALT6507方位阵列侧向测井仪采用6方位极板推靠贴井壁和阵列化测量技术手段，一次下井能够获取30条方位电阻率曲线、5条井周合成阵列电阻率曲线并提取地层倾角，能够在多维剖面描述地层的非均质性和各向异性。

仪器主要由电源短节、采集短节、阵列电极组、推靠器、连斜（连续测斜）短节等部分组成。

（2）仪器用途

贴井壁方位阵列侧向创新方位和阵列侧向方法相结合，能够真正反映井周各方位不同探测深度的电阻率各向异性，从而发现复杂储层裂缝发育以及径向延伸方位方向，更深层反映地层特性。这将在复杂储层测量中发挥独特作用。

（3）主要技术指标

最高温度/压力：175℃/140MPa。

动态范围：$0.2 \sim 40000\Omega \cdot m$。

垂直分辨率：25cm。

方位分辨率：60°。

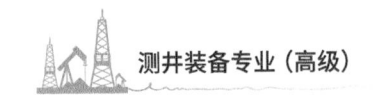

探测深度：0.273m，0.328m，0.376m，0.432m，0.509m。

组合测井情况：具备与 CPLog 常规测井及其他成像仪器组合测井功能。

【考试要求】

了解 ALT6507 方位阵列侧向测井仪的测井原理、组成、功能和作用，熟悉仪器的主要技术指标。

（三）微电阻率扫描成像测井仪

1. MCI5570 微电阻率成像测井仪（CPLog）

（1）仪器描述

【考试内容】

MCI5570 微电阻率成像测井仪是一种电阻率测井仪器，主要用于测量地层的非均质特性，在地层的精细结构描述、薄层划分、裂缝识别及沉积相分析等方面具有独特的优势。

推靠器极板发射的交变电流通过井内钻井液液柱和地层回到仪器顶部的回路电极。极板电扣与极板之电位差近似为零，推靠器、极板金属体起到聚焦作用，使极板中部的电扣流出垂直于极板外表面进入地层。通过测量电扣上的电流，可以反映电扣正对着的地层由于结构或电化学上的非均质所引起的电阻率的变化。

【考试要求】

掌握 MCI5570 微电阻率成像测井仪的测井、聚焦原理，熟悉仪器的作用和功能。

（2）电子线路

【考试内容】

①电源系统。

地面系统经缆芯 1#、4# 和井下仪器变压器输入中心抽头以幻象供电方式提供 EMEX 电源用的直流电压，回路电极为电缆的外皮。

直流电源经井下仪器供电电缆 1# 和 4# 传给电源变压器，再经变压器初级中心抽头取出信号，由于电缆电阻及变压器绕制的不平衡，井下取出的直流信号上将会叠加有交流 50Hz 信号。再经 E 类功率放大器放大后，输出的 10kHz 信号上也将叠加有交流 50Hz 信号。这样的信号对检测极板的小信号极为不利。通过 EMEX 滤波电路可将 50Hz 交流信号滤除。

地面系统经缆芯 2#、10# 给井下仪器提供 115V 辅助交流电压，供推靠器电动机使用。

②推靠器控制电路。

推靠器控制电路中，将继电器吸合状态设置为推靠器收拢状态。REL1 是系统发送到井下仪器的控制命令，井下仪器收到该控制命令后，通过驱动电路控制继电器动作，从而控制推靠器状态。CLD1 用于监测继电器状态。

工作状态如表 3-2 所示。

表 3-2　电路工作状态表

REL1 状态	CLD1 状态	推靠器状态	备注
REL1=0	CLD1=0	收拢	0 表示低电平（0V）
REL1=1	CLD1=1	张开	1 表示高电平（5V）

③主控电路。

主控电路主要由 DSP+FPGA 电路、SPI 通信电路、CAN 接口电路。其中，DSP 器件功能为接收遥传 CAN 命令、发送 CAN 数据和对向上传输的数据进行编码。FPGA 器件功能为输出各种实时控制信号、对井下仪器命令进行解码和对向上传输的数据进行编码。

④光电隔离电路。

为减小信号的耦合噪声，井下仪的一部分电路是以极板体电位为参考地，而另一部分电路以电缆外皮为参考地，并且两个地浮动。DTB 总线信号（UCLKIN、UDATAGO、DSIGNAL 和 TREX）在电路中使用光耦器件实现隔离传输。

⑤采集控制电路。

采集控制电路主要由 CPLD 电路、程控增益电路、ADC 和 DTB 接口电路四部分组成。

FPGA 器件功能为输出各种实时控制信号、对井下仪器命令进行解码和对向上传输的数据进行编码。

FPGA 实时控制器不但控制上传数据每帧的字数，而且还要译出含在 32 位控制字中的仪器地址。仪器的地址是 108。当接收到的地址数据和预置在实时控制器中的仪器地址数据相同时，实时控制器内部命令的有效信号将被锁定。

仪器只有一种测井方式，即一帧传完所有信号，一帧数据包含 173 个信号。

程控增益控制电路放大倍数共设 8 挡，在实际测井中，系统会根据该地区地层电阻的大小来自动调节信号增益。

【考试要求】

掌握 MCI5570 微电阻率成像测井仪的 EMEX 电源的供电方式、输出频率，熟悉 EMEX 滤波电路的作用，熟悉采集电路的组成、FPGA 器件功能和仪器的地址，了解推靠器控制电平与推靠器状态的关系以及推靠器的通常状态，了解使用光耦器件实现 DTB 总线信号隔离传输，了解仪器的测井方式和程控增益控制电路放大倍数的设置。

（3）预处理短节

【考试内容】

①预处理电路作用与组成。

主要完成极板纽扣电极（电扣）信号、测斜、井径等信号的采集处理，然后传输至主控电路。预处理短节主要由稳压电源、采集处理板、极板电源驱动板和测斜仪组成。

②工作原理。

预处理短节主要用来采集处理电扣测量的模拟信号、测斜仪信号和井径信号等。它产生控制命令，6 个序列时钟分别控制 6 个极板电扣信号的采集。对 6 个极板送来的 16kHz 模拟信号通过模拟开关和 6 道 A/D 采集分别进行增益放大和数字相敏检波。相敏检波电路由前置放大器、相敏检波器、低通滤波器组成。最后将电扣直流信号、测斜仪信号和其他辅助参量信号提供给主控板。

③预处理短节主要功能。

通过预处理短节内部稳压电源向极板提供 ±5V 电源。

通过预处理短节极板驱动电路向极板内置式电路提供指令。

对 6 块极板的电扣信号进行数字相敏检波。

给用于测量井径的拉杆电位器提供恒流源。

④相敏检波电路。

极板输出信号经过低噪声、高增益的前放，将弱信号放大；经相敏检波变为脉动的直流信号，再经过低通滤波器成稳定的直流信号。相敏检波的参考信号为 10kHz 的方波。

⑤井径电路及刻度。

井径测量是通过给拉杆电位器两端供 12V 电压，测量中心抽头对地的电压。

仪器由 6 条井径曲线组成，采用 2 点线性刻度方法，产生乘加因子。

⑥测斜仪。

测斜仪由传感器（3 个加速度计和 3 个磁通门），调整低通放大电路组成。

【考试要求】

掌握预处理短节的组成与功能、预处理电路的作用，熟悉相敏检波的组成及参考信号的波形与频率，了解井径的刻度方法及电路的原理，了解测斜仪的组成。

（4）推靠器的整体结构及其组成

【考试内容】

①推靠器的组成。

推靠器主要可以分为平衡短节部分、电动机部分、推靠器部分，这三部分组成了仪器的整体结构。

②推靠器的结构、安装与检查。

在仪器的整体结构中，推靠器注油口轴线与主基体上的某个槽的中心线成一条直线，我们定义主基体上的这个槽为主基体的1号槽。在1号槽对应位置上安装的臂称为1号臂，同理，安装在此臂上的极板称之为1号极板。

推靠器采用碟簧的压缩储能来增加极板的推靠力。

测井过程中，如果推靠器自动打开，可能是液压腔内缺油，需要起出仪器查清漏油的原因，排除故障后再测井。如果推靠器"推""收"不正常，应先检查地面系统命令是否下发，然后再检查仪器的相关电路。

为了使极板更好地贴合井臂，减小钻井液的影响，设计为液压六臂分动结构，并且每块极板均可自转±6°。

极板检查：由于极板电扣与内部电路连接，检查电扣与极板绝缘时，不能用500V摇表来检查。

推靠器短节装有6个极板，每个极板有24个电扣，共144个电扣。极板内部电路有4个厚膜电路，分别为3个8通道放大电路和1个驱动电路。如果地面显示有1道极板无输出信号，应首先检查该道极板是否正常，然后再检查其他电路。

【考试要求】

掌握推靠器的组成及结构，掌握推靠器相关故障的判断及解决思路，熟悉推靠器的安装、检查方法与步骤，熟悉极板及其内部电路的组成，了解平衡短节结构和原理。了解极板电路故障解决步骤。

2. 1025STAR 电阻率成像测井仪（5700）

（1）仪器原理及简要描述

【考试内容】

测量原理近似于微侧向测井，电极的极板外壳为导电金属体。电极与极板外壳金属体间要保持良好的绝缘。由电路给电极和极板外壳提供相同极性的电流，并使极板外壳与电极的电位相等，由电极流出的电流受到极板外壳的屏蔽作用，沿径向流入地层。

测量每个纽扣电极发射的电流。当极板与纽扣电极的电位相等，纽扣电极接触井壁地层的电阻率不同时，电流发生变化。地层的电阻率高，电极的接地电阻大，电流变小；地层电阻率低，电极的接地电阻小，电流增大。通常把电流电平转换成灰度显示，用灰度来显示地层电阻率的变化，反映井壁地层岩石结构的变化。

1025STAR 电阻率成像测井仪的极板在相互独立的推靠臂上，每个极板嵌有 24 个电扣，分成两排，每排 12 个，沿极板面测量的电极之间的水平间距是 0.1in。

【考试要求】

掌握 1022STAR 电阻率成像测井仪的测井原理。

（2）恢复接口板 RIB 功能

【考试内容】

1025STAR 电阻率成像测井仪恢复接口板 RIB 为极板同步产生 PLCK（时钟）和 PSYNC（同步）信号，这两个信号均采用变压器耦合，实现与数字地（+5V 回路）隔离。

【考试要求】

掌握 1025STAR 成像测井仪恢复接口板功能。

（3）Guard 驱动板功能

【考试内容】

1025STAR 电阻率成像测井仪 Guard 驱动板的功能是在电子线路外壳与推靠机械之间施加一个恒定电压。

【考试要求】

掌握 1025 STAR 电阻率成像测井仪驱动板功能。

（4）DSP 极板信号恢复板

【考试内容】

1025 STAR 电阻率成像测井仪含 6 个相同的 DSP 极板信号恢复板，它采集两个信号：极板电扣信号和 Guard 信号。

【考试要求】

掌握 1025 STAR 电阻率成像测井仪极板信号恢复板功能。

3. FMI 微电阻率扫描成像测井仪（斯伦贝谢）

（1）仪器极板结构、一级保养检查内容和极板更换要求

【考试内容】

① FMI 微电阻率扫描成像测井仪极板结构。

仪器除 4 个极板外，在每个极板的左下侧又装有翼板，翼板可围绕极板轴转动

以便更好地与井壁相接触，每个极板和翼板上装有两排电极，每排有 12 个纽扣电极，8 个极板上共有 192 个纽扣电极。对 8.5in 井眼，井壁覆盖率可达 80%，能更全面精确地显示井壁地层的变化。

它由 4 个主极板和 4 个副极板组成，每个极板上有两排电极，每排有 12 个电极，上下两排电极之间距离 0.3in，电极之间的横向间隔 0.1in，主极板和副极板之间的垂向距离为 5.7in。

测井采样间距为 0.1in，纵向分辨率为 0.2in。共计有 4×2×2×12=192 个测量纽扣电极。

仪器探头 FBSS-B 和 4 个大极板共有 9 个注脂孔，在 FBSS-B 两瓣式绝缘筒 P385815 下面，有 3 个注脂孔。

仪器探头 FBSS-B 测试缆芯定义如下：

井径电位计 C2 是 UH-24 芯对公共端 UH-32 芯。

井径电位计 C1 是 UH-33 芯对公共端 UH-32 芯。

电磁阀 S2 是 UH-41 芯对公共端 UH-40 芯。

电磁阀 S1 是 UH-46 芯对公共端 UH-40 芯。

马达 M2 是 UH-47 芯对公共端 UH-40 芯。

马达 M1 是 UH-48 芯对公共端 UH-40 芯。

井径电位计 C1 和 C2 以及极板压力传感器的公共端是 UH-32 芯。

马达 M1 和 M2、电磁阀 S1 和 S2 的公共端是 UH-40 芯。

极板压力传感器桥是 UH-32、UH-35、UH-39、UH-53 四芯。

② FMI 微电阻率扫描成像测井仪一级保养检查内容和极板更换要求。

A. 仪器检修需要的数据：

电子线路 FBAC 下部接头 LH-47 与 LH-48 之间的马达启动相移电容值在 7.5 ~ 8.5μF 之间。

电源短节 FBPC 上部接头 UH-1 与 UH-4 之间的电源变压器阻值在 12.46 ~ 16.86Ω 之间。

仪器极板使用 47V100 型号的硅油。

仪器探头臂关闭或增加压力时，电磁阀和马达供电电流是 800mA。

仪器探头臂关闭或增加压力时，电磁阀和马达供电电压是 160V。

仪器探头臂打开或释放压力时，电磁阀和马达供电电流是 200mA。

仪器探头臂打开或释放压力时，电磁阀和马达供电电压是 120V。

仪器的 HCB-D 测试盒可以使用 120V/50Hz 交流或者 110V/60Hz 交流电压电源。

仪器可用 HCB-D 测试盒打开探头 FBSS-B，观察到极板压力、井径。

B. 仪器维保要点：

仪器每次测井结束后，做一级保养，主要有机械部分清洁保养、电气部分通断绝缘检查、仪器串通电检查工作。

井下仪器清洗保养应做清洁并润滑螺纹环和提升帽、取下玻璃钢绝缘筒并清洗干净、检查上端插孔和下端插针状态、检查 O 形密封圈状态，必要时进行更换等工作。

仪器探头 FBSS-B 马达、电磁阀 1 和 2 的公共端 UH-40 芯对探头外壳的绝缘应大于 $10M\Omega$，必须使用万用表。

仪器极板有磨损指示点，为 3 个 1.5mm 深的锥形凹槽，分别位于上、下盖板和副极板上。当这些凹槽被磨平消失时，应立即更换上、下盖板和副极板。

仪器供电电压为 250V 交流电压，马达的供电电压为 150V 交流电压，以及来自 EMEX 的高达 180V 的直流电压。这些高压可能会导致严重的电击或触电事故。

仪器绝对不能使用三氯乙烯类脱脂剂（trichlorethylene）或氯化溶解剂（chlorinated solvent）去清洗探头，这些溶剂极易导致钛合金腐蚀。

仪器保养开收时可将测试盒 HCB-D 直接连接到 FBSS-B 的上端。

仪器将专用加油嘴拧入探头上部的加油孔，可完成探头液压部分的加油操作，一直到补偿活塞碰到泄压阀漏油为止。

【考试要求】

熟悉 FMI 微电阻率扫描成像仪极板结构、一级保养检查内容和极板更换要求。

（2）仪器技术指标、仪器串构成、成像原理

【考试内容】

① FMI 微电阻率扫描成像测井仪技术指标。

方位值 HAZIM（大于 5° 时）的精度是 ±2°。

井斜值 DEV 的精度是 ±0.2°。

仪器测井钻井液推荐最大电阻率是 $50\Omega \cdot m$。

8 极板模式最大测速 9m/min 时，探头旋转的最大速率是 1r/2.3m。

4 极板模式的最大测井速度是 18m/min。

大极板仪器在 8in 井眼中覆盖率是 80%。

除探头 FBSS-B 以外，其他仪器的外径是 3.375in。

仪器探头 FBSS-B 的外径是 5in。

仪器的最大压力是 20kpsi。

仪器的最高温度是 350 ℉。

② FMI 微电阻率扫描成像测井仪仪器串构成。

井下仪器即 FBST-E，由仪器电源 FBPC-A、绝缘短节 AH-287 和柔性短节 AH-320、电子线路及导航包 FBAC-B、探头 FBSS-B 仪器组成。

仪器下井之前，必须检查探头 FBSS-B 仪器探头液压油面，观察 FBSS-B 探头最底部的平衡活塞上的凹槽是否在侧面的观察口处，确保探头注满液压油，检查探头推靠臂机械部分，确保固定螺钉、防退销螺钉完好且没有松动，确保链接销、防退卷销完好且处在正确的位置，确保极板压板螺钉、臂上耐磨块固定螺钉紧固等检查。

③ FMI 微电阻率扫描成像测井仪成像原理。

仪器利用多极板上的多排钮扣状小电极向井壁地层发射电流，由于电极接触的岩石成分、结构及所含流体的不同，引起电流的变化，即电流的变化反映了井壁各处岩石电阻率的变化，据此可以显示电阻率的井壁成像。在测井图像上，一般井壁地层电阻率越大，其对应的颜色越浅（亮）。

【考试要求】

了解 FMI 微电阻率扫描成像仪技术指标、仪器串构成、成像原理。

（3）仪器电磁阀、马达、井径、扶正器、隔离短节使用及运输保护。

【考试内容】

① FMI 微电阻率扫描成像测井仪电磁阀、马达及开收腿时间。

探头 FBSS-B 的推靠臂要求 65s 内完全关闭，极板压力应大于 85Pa。

探头 FBSS-B 的推靠臂要求 2～5s 内完全打开，极板压力为 0。

探头 FBSS-B 电磁阀的电阻是（332±27）Ω。

探头 FBSS-B 马达的电阻是（49±7）Ω。

② FMI 微电阻率扫描成像测井仪井径测量。

仪器探头有 2 个井径值，最大井径是 21in，最小井径是 6.25in，井径精度是 0.25in。

③ FMI 微电阻率扫描成像测井仪扶正器应用。

仪器串必须确保居中器安装位置离导航包 GPIT 不小于 3ft。

仪器在现场使用 2530 系列卡盘，仪器串在马笼头附近应安装一个扶正器，以降低仪器遇卡风险，且仪器串中至少应安装两个扶正器，扶正器叶片间呈 45° 相位，一个安装在 FBPC 中部，另外一个安装在 EDTC 中部，有时还在 FBAC 上远离导航包位置安装一个扶正器。

④ FMI 微电阻率扫描成像测井仪隔离短节使用及运输保护。

仪器禁止将 FBPC 与 FBAC 直接连接，它们之间必须有隔离短节 AH-287。

探头极板打开的速度相当快，在进行探头维护保养时，人员应远离极板的轨迹。

仪器运输时，FBSS-B 推靠器必须处于张开状态并被压缩放入保护筒（P674918）中。

【考试要求】

了解 FMI 微电阻率扫描成像仪电磁阀、马达及开收腿时间、井径测量、扶正器应用、隔离短节使用以及运输保护。

4. MCI6575 宽动态微电阻率成像测井仪（CPLog）

（1）仪器描述

【考试内容】

MCI6575 宽动态微电阻率成像测井仪是一种电阻率测井仪器，主要用于测量地层的非均质特性，在地层的精细结构描述、薄层划分、裂缝识别及沉积相分析等方面具有独特的优势。

推靠器极板发射的交变电流通过井内钻井液液柱和地层回到仪器顶部的回路电极。推靠器、极板金属体起到聚焦作用，使极板中部的电扣电流垂直于极板外表面进入地层。通过测量电扣上的电流，可以反映电扣正对着的地层由于结构或电化学上的非均质所引起的电阻率的变化。电扣电流信息经适当处理，可刻度为彩色或灰度等级图像，即反映出地层微电阻率的变化。

【考试要求】

了解 MCI6575 宽动态微电阻率成像测井仪的简单测井原理和作用。

（2）主要技术指标

【考试内容】

① 测量内容，如表 3-3 所示。

表 3-3　微电阻率成像测井仪测量内容

测量范围	电阻率：0.2 ~ 20000Ω·m 井斜：0° ~ 90° 井径：127 ~ 530mm
纵向分辨率，mm	5
极板电扣，个	144
井周覆盖率，%	60（8in 井眼）
推靠方式	采用六臂分动推靠方式
主曲线	电成像图

②井眼条件。

MCI6575宽动态微电阻率成像测井仪可以在裸眼井的淡水钻井液的条件下测井，不能在金属套管井或者盐水钻井液、油基钻井液、气体钻井流体条件下测井。测井时，要求仪器居中。

【考试要求】

掌握MCI6575宽动态微电阻率成像测井仪测量内容、测量范围，熟悉仪器的分辨率、覆盖率、井眼条件，了解仪器的推靠方式。

（3）仪器概述

【考试内容】

①仪器组成。

MCI6575宽动态微电阻率成像测井仪由绝缘短节、采集短节、预处理短节、推靠器短节、下接头短节组成。

②工作原理。

仪器主要测量阵列电扣信号；推靠器内的6个电位器检测井径信号与极板压力信号。预处理短节首先将此2种信号进行处理，然后按一定的顺序送入采集短节，在采集短节内对数据进行打包处理，预处理短节内测斜探头A_x、A_y、A_z、F_x、F_y、F_z等信号直接与遥传通信。根据仪器的测量原理，极板上电扣电流I_i为：

$$I_i=(S_i/S)\times I \quad (3-1)$$

式中　S_i——单个电扣的表面积；

　　　S——极板面积；

　　　I——极板供电电流。

此公式是极板在无限均匀介质中的结果。在实际测井时，由于井中钻井液电阻率比地层平均电阻率低很多，通过极板进入地层的电流远小于总的交变电流。这样微弱的电流信号难以检测，因而要求EMEX信号源（激励源）能够提供较大电流，范围达到0～6A（16kHz正弦波）。

③仪器测井资料在地质评价中的作用。

确定地层产状及层理特征；沉积和构造分析，判断沉积环境；裂缝、孔洞等识别及量化评价；井眼形状分析，地应力分析。

【考试要求】

掌握MCI6575宽动态微电阻率成像测井仪的组成，熟悉仪器的测井原理、EMEX信号源输出要求（电流大小、频率），了解仪器在地质评价中的作用。

（4）电子线路

【考试内容】

MCI6575宽动态微电阻率成像测井仪推靠器短节装有6个极板，每个极板有24个电扣，共144个电扣。每块极板装有极板内置电路。电扣电流信号在极板内经过采样放大器、模拟开关机放大器放大后传到预处理短节。极板放大器结构如图3-1所示。24个电扣信号分别经2个厚膜电路采样放大，再经过模拟开关选通，最后再经过驱动送到采集处理板。模拟开关的切换控制信号及可控增益选择由CPLD芯片产生，同步信号和时钟信号经过CPLD译码产生模拟开关控制信号。供给极板电路的±5V电源，经过电源滤波和电源低噪声滤波电路，分别给各个器件提供电源。每道电扣信号的底噪声在10mV以内，电流电压放大倍数为2000倍。

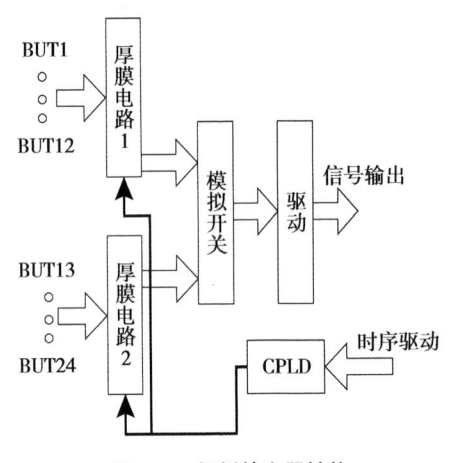

图3-1 极板放大器结构

【考试要求】

掌握极板内置电路的工作原理、流程，熟悉各电路间控制关系，了解电源、底噪声、电流电压的增益。

（5）测井应用

【考试内容】

①仪器连接。

宽动态微电阻率成像测井仪测井时，井下仪器从上到下的连接顺序为：旋转短节、绝缘短节、三参数短节、遥传伽马短节、宽动态微扫仪器。

②常见故障判断。

宽动态微电阻率成像测井仪测井时，发现加程控电源电流大，并且影响主交流，应首先检查电缆绝缘情况。

宽动态微电阻率成像测井仪测井时，判断仪器通信正常的时间字为10ms。

③测井图像质量。

宽动态微电阻率成像测井仪极板压力大小PF值影响测井图像质量。

宽动态微电阻率成像测井仪测井时，为保证测井曲线的质量，在井况允许情况下至少需要加2个橡胶扶正器。

【考试要求】

掌握MCI6575宽动态微电阻率成像测井仪的连接顺序及扶正器的安装要求，能够判断仪器测井过程中出现的常见故障，了解测井图像质量要求。

（四）核磁共振成像测井仪

1. MRIL-P核磁共振成像测井仪（哈里伯顿）

（1）仪器工作指标

【考试内容】

探头外径：6in和4.875in两种。

最高温度：350℉/177℃。

钻井液电阻率低限：0.02Ω·m（小探头需要带合适的钻井液排除器）。

垂直分辨率：标准模式下6ft、高分辨率模式下4ft、静态模式下2ft。

MRIL-P核磁共振测井中T_w叫作等待时间，T_1叫纵向弛豫时间，T_2是衰减常数，我们称之为横向弛豫时间。测井时，仪器工作的频率越高，探测深度越浅。在扫频时确定5个中心频率，测井最多使用9个频率，测井时如果增加运行平均数R_A，则会降低CHI值。

【考试要求】

掌握MRIL-P核磁共振成像测井仪的工作指标。

（2）仪器及组成、电路、工作环境、刻度要求

【考试内容】

①仪器概述：MRIL-P核磁共振测井是一种适用于裸眼井的测井新技术，测量地层的参数主要有孔径分布、地层渗透率、流体性质、流体黏度，是可以直接测量任意岩性储集层自由流体（油、气、水）渗流体积特性的测井方法，有着明显的优越性。它主要测量地层的氢原子，与地层的岩石骨架无关，仪器探测范围最深为16in，所以仪器测量的是地层冲洗带的孔隙度。仪器不能在-20℃的温度下存放，其主要原因是防止探头永久消磁。

②仪器组成：仪器主要由电容短节、电子线路、探头部分组成，电容短节的作

用是储能。为了提高测井速度，在探头两边加了1ft长的预极化磁铁，它的强度是探头中间主磁铁的2.5倍，仪器使用的磁场包括梯度场、射频场、永久性磁场，天线的主要用处有发射高压脉冲、接收回波信号，B_1线圈的主要作用是发射增益信号、接收B_1信号，探头中设计了温度测量，其目的是用于校正主磁体磁场强度随温度变化对探测深度的影响。

③仪器电路：仪器电子线路包含发射器模块、发射滤波模块、天线接口模块、继电器模块、DSP、前置放大器六部分。

前置放大器的功能包含接收回波信号、接收标准刻度信号、对接收的信号进行放大，前置放大器的特征包含低噪声、增益稳定、较宽带宽。

核磁探头天线既作为发射器使用，也作为接收器使用。天线接口的功能包含接收来自发射滤波模块的RF信号，通过变压器耦合至天线，发射脉冲发射完后，清空天线残存能量，接收回波信号输出至前置放大器，在仪器发射时为前置放大器提供保护。

仪器供电采用4个SORENSE电源，测井时W2供电电压应为600V，但在发射时会导致高压降低，一般控制高压不得低于450V。由于仪器在测井时所加的直流电压为600V，所以对测井电缆的绝缘要求大于500MΩ，主要控制参数CHI应该小于2，测井中GAIN小于100时，软件会停止发射，为了提高信噪比，测井时仪器上要加钻井液排除器。

④仪器工作时对环境的要求。

A. 由于仪器在高电压、大电流、高温等情况下工作，所以对测井电缆至仪器内部供电线的绝缘度要求极高。

B. 钻井液对仪器绝缘的影响。

在核磁共振测井中，要求钻井液电阻率必须大于$0.02\Omega \cdot m$，否则应考虑改变钻井液性能，以提高钻井液电阻率。在条件许可的情况下，应尽量提高钻井液电阻率或使用钻井液排除器，以便提高信号增益和测井信噪比，从而提高测井精度。

⑤仪器刻度要求。

仪器刻度用的是法拉第罐（tank），刻度前要加入80gal水，还需要加入0.5lb硫酸铜。

测井时调整GA使B_1modify同主刻度的B_1peak值相当，误差不能超过5%。

仪器在刻度时，法拉第罐模拟地层的孔隙度是100%。在仪器刻度完后作水罐检查时，测量的孔隙度范围为100%±4%。

仪器刻度选用的观测方式为TANK4B1G和06SFHQD。

仪器刻度时 Dummy Load 开关位置打到 300Ω。

仪器的服务号 2440。

【考试要求】

了解 MRIL-R 核磁共振成像测井仪及其组成、电路、工作环境、刻度要求。

2. MRT6910 多频核磁共振成像测井仪（CPLog）

（1）仪器概述

【考试内容】

MRT6910 多频核磁共振成像测井仪是一种在井眼中居中测量的仪器，应用核磁共振成像技术，测量沿仪器轴线方向的井壁周围空间内氢原子核的磁共振信号，提供地层孔隙度信息及与油气藏有关的地球物理参数。

【考试要求】

掌握 MRT6910 多频核磁共振测井仪的组成，熟悉 MRT6910 多频核磁共振测井仪的用途和测量对象。

（2）仪器组成

【考试内容】

MRT6910 多频核磁共振测井仪器共由三部分组成，即储能短节、电子线路和探头。

储能短节主要是为仪器工作时提供附加的能量供给，由 6 个电容模块组成。

电子线路主要包括以下几部分：发射电路、接收电路、通信电路、供电电路。电子线路实现信号控制、信号处理、射频脉冲发射、高低压供电等功能。模块各自独立地装在一个金属屏蔽盒内，各个金属屏蔽盒安装在线路支架上，模块间通过导线束连接，每个模块构成各自的子系统并能互相协调地工作。

探头的组成包括一个强铁氧体磁体（主磁体）、两个磁性更强的地层预极化钐钴永久磁体和一根天线，既用于发射射频脉冲又用于接收核磁共振回波信号。主磁体安装在玻璃钢外壳内部，用于产生静磁场 B_0；钐钴永久磁铁用于对地层氢原子预极化；天线埋置于探头玻璃钢外壳中。

【考试要求】

掌握 MRT6910 多频核磁共振测井仪各短节的组成和作用，了解电子线路各模块的工作关系。

（3）电子仪短节

【考试内容】

电子仪短节由电源变压器、电源模块、主控和辅助测量模块、发射接口和发射电源模块、激励模块、发射模块、发射滤波模块、辅助电源模块、刻度 B_1 模块、前置放大器模块、继电器驱动和信号接收模块以及天线接口模块组成。

电子仪短节主要完成高压的发射和回波信号的采集。

①电源模块是一个简单的线性电源,将输入的 220V、50Hz 交流电转换成低压直流电源,给整个仪器供电。它由变压器、整流、滤波、稳压等部分组成。

②辅助电源电路将 600V(DC)斩波,大约在 350V(DC)以上时,其将 ±15.5V 供至 ±15B 电源线上,用于发射器场效应管驱动电路。

③主控系统总体设计采用 DSP+FPGA 的控制模式,DSP 主要负责 CAN 通信、数据采集、信号处理等功能,以 FPGA 为主体的电路用以产生控制逻辑,负责提供片选信号、I/O 口线、中断信号等逻辑功能,互锁保护电路的控制、采集数据缓存以及测量脉冲序列的输出也由它一并管理。

④发射滤波器电路衰减发射器模块发射方波脉冲中的谐波分量,输出正弦波射频信号,接至天线接口模块的输入端。

⑤AM 幅度控制模块的功能是产生一个模拟信号,用于激励板中控制发射器输出幅度。

⑥前置放大器电路接收核磁共振回波信号和标准刻度信号,并对接收到的信号进行放大。

⑦天线接口电路由高压板 A1 和低压板 A2 两块板组成,其主要功能是接收来自两个发射滤波器的高压输出,将其经组合变压器耦合至天线,并在发射脉冲后清空天线残存电荷,将来自天线的核磁共振回波信号输出至前置放大器,并在发射脉冲期间对前置放大器进行保护。天线发射信号幅度大小,取决于两个发射器模块输出的高压脉冲之间的相位差。

⑧发射激励电路接收来自 DSP 的模拟信号与数字信号以及高压传感信号,输出具有可控幅度差的两组发射器控制信号。

⑨继电器驱动电路主要负责多频各频率间的转换,实现在梯度磁场中的多种测量。

【考试要求】

掌握电子仪短节各电路模块的基本原理、功能和作用,熟悉天线接口电路的组成及工作流程,了解发射激励电路输入、输出信号的关系,了解梯度磁场中多种测量的实现方法。

(4)储能短节

【考试内容】

储能短节主要储存能量,补充高压发射所消耗的能量,防止瞬时电流过大而拉低 600V 直流电压，在维修该短节时要防止被电击。

【考试要求】

了解储能短节作用及维修时的安全注意事项。

（5）探头短节

【考试内容】

仪器测井时，探头外部的天线将某一特定频率的射频信号以交变磁场的方式发射到地层之中，然后又用天线接收氢原子核产生的核磁共振回波信号。核磁探头主要由磁体、天线、继电器及电容板等组成，永磁体主要用来提供静磁场 B_0，天线相当于电感元件，它和探头里的电容组成谐振电路，用来发射射频脉冲和接收核磁回波信号。大探头与小探头电性指标一致。调试探头时，只需要调节可变调谐板上的电容。探头通过温度传感器校正主磁体磁场强度随温度变化对探测深度的影响。

【考试要求】

熟悉探头的组成和测井原理，了解谐振电路的原理和调谐方法，了解大小探头的电性指标及温度传感器的作用。

（6）仪器刻度

【考试内容】

刻度过程主要包括：扫频、主刻度和水箱统计检查。

①扫频是为了找到一个产生最高增益的频率，是保证核磁共振成像测井仪器正常工作的重要环节。

②核磁共振仪器自旋回波脉冲序列 CPMG 是一个 90° 脉冲，后面跟一系列延迟的 180° 的脉冲序列。

③核磁共振仪器有 2 个外加的磁场 B_0 和 B_1，静磁场用来极化核磁矩，外加磁场 B_1 用来自旋系统扳倒。

【考试要求】

熟悉仪器的刻度步骤和要求；了解 CPMG 脉冲和外加的磁场 B_0 和 B_1 的作用。

（7）基本知识

【考试内容】

核磁共振成像测井仪器主要用于测量地层孔隙度。

核磁共振成像测井仪器主要测量流体氢原子。

核磁共振成像测井仪器没有使用的磁场是梯度场、射频场和永久性磁场。

核磁共振成像测井中 T_W 叫作等待时间，T_2 称为横向弛豫时间。

核磁共振成像测井仪器刻度时要将 tank 和探头的环形空间用锡箔纸填充，防止外界磁场的影响。

使核自旋从高能级的非平衡状态恢复到低能级的平衡状态的过程叫弛豫。

【考试要求】

熟悉 MRT6910 多频核磁共振成像测井仪的基本知识、基本概念，了解仪器刻度步骤和要求。

3.MRT6911 偏心核磁共振成像测井仪（CPLog）

（1）仪器概述

【考试内容】

MRT6911 偏心核磁共振成像测井仪是一种在井眼中测量的仪器，应用核磁共振成像技术，测量沿仪器轴线方向的井壁周围空间内氢原子核的磁共振信号，提供地层孔隙度信息以及与油气藏有关的地球物理参数。

仪器主要由储能短节、电子线路短节和探头三部分组成。储能短节提供仪器工作附加能量；电子线路实现信号控制、信号处理、射频脉冲发射、高低压供电等功能；探头主要由永久磁体和天线构成，既用于发射射频脉冲又用于接收核磁共振回波信号。

MRT6911 偏心核磁共振成像测井仪是在提升或下降的过程中采集回波数据，探头的永磁体在地层中建立梯度磁场，使地层中的氢核磁化，产生可观测的宏观磁化量；然后探头中的天线向地层发射射频脉冲，使磁化矢量能够在旋转坐标系中被扳转，同时接收微伏级的核磁共振回波信号，观测整个回波串；最后在一个回波串采集完毕后，等待一段时间，使氢核宏观矢量逐步恢复到平衡状态，以便做下一个回波串的观测。

【考试要求】

掌握 MRT6911 偏心核磁共振成像测井仪的组成，熟悉仪器的用途和测量对象，了解仪器的测井原理。

（2）主要技术要求

【考试内容】

①测量内容，如表 3-4 所示。

表 3-4 偏心核磁共振成像测井仪测量内容

孔隙度测量范围，p.u.	0～100
纵向分辨率，cm	61
垂直分辨率（静止），in	24

②井眼条件。

MRT6911偏心核磁共振成像测井仪可以在裸眼井、金属套管井的淡水钻井液、盐水钻井液、油基钻井液条件下测井，不能在气体钻井流体条件下测井。测井时，要求仪器偏心。钻井液电阻率范围大于0.02Ω·m。

【考试要求】

掌握MRT6911偏心核磁共振成像测井仪的测量范围、分辨率，熟悉仪器测井时的井眼条件要求。

（3）仪器组成

【考试内容】

MRT6911偏心核磁共振成像测井仪共由三部分组成，即储能短节、电子线路短节和探头。

储能短节主要是为仪器工作时提供附加的能量供给，由6个电容模块组成。井下工作高压为580V以上。

电子线路短节主要包括以下几部分：发射电路、接收电路、通信电路、供电电路。模块各自独立地装在一个金属屏蔽盒内，各个金属屏蔽盒安装在线路支架上，模块间通过导线束连接，每个模块构成各自的子系统并能互相协调地工作。

探头的组成包括：一个强铁氧体磁体（主磁体）、两个磁性更强的地层预极化钐钴永久磁体和一个天线。主磁体安装在玻璃钢外壳内部，用于产生静磁场B_0；钐钴永久磁体用于对地层氢原子预极化；天线埋置于探头玻璃钢外壳中。

【考试要求】

掌握MRT6911偏心核磁共振成像测井仪的组成，熟悉各短节的组成和作用，了解井下工作高压要求。

（4）电子线路短节

【考试内容】

电子线路短节由电源变压器、电源模块、主控和辅助测量模块、发射接口和发射电源模块、激励模块、发射模块、发射滤波模块、辅助电源模块、刻度B1模块、前置放大器模块、继电器驱动和信号接收模块、天线接口模块组成。电子线路短节主要完成高压的发射和回波信号的采集。

电源模块是一个简单的线性电源，将输入的220V、50Hz交流电转换成低压直流电源，给整个仪器供电。它由变压器、整流器、滤波器、稳压器等部分组成。

激励模块和发射模块电路应用AM信号和高压传感取样信号HVsence控制两个发射器模块输出的高压脉冲之间的相位差，决定天线发射信号幅度大小。

【考试要求】

掌握电子线路短节的组成和作用，熟悉电源模块的组成和工作原理，了解发射激励电路模块工作原理。

（5）探头

【考试内容】

仪器在测井时，探头外部的天线将某一特定频率的射频信号以交变磁场的方式发射到地层之中，然后又用天线接收氢原子核产生的核磁共振回波信号。核磁探头主要由磁体、天线、继电器及电容板等组成。永磁体主要用来提供静磁场 B_0。天线相当于电感元件，它和探头里的电容组成谐振电路，用来发射射频脉冲和接收核磁共振回波信号。探头作为核磁共振仪器的传感器，一方面发射大功率射频脉冲，另一方面接收微弱的核磁共振信号。

通过继电器的不同吸合，接通各不同共振频率所需的调谐电容，从而实现梯度磁场中多种频率测量。

【考试要求】

熟悉探头的测井原理、组成，了解谐振电路的原理和调谐方法，了解梯度磁场中多种频率测量实现方法。

（6）刻度

【考试内容】

刻度过程主要包括：扫频、主刻度和水箱统计检查，其中水箱统计检查在每次测井前都必须做一遍，扫频对于仪器的正常工作是很重要的。

刻度时，模拟负载的挡位设置为 300Ω。

刻度后，产生回波幅度、增益和功率校正系数，检测水箱自由流体孔隙度应约为 100%。

在仪器维修、地面软件升级后，以及距上次刻度时间超 6 个月的，需要重新进行刻度。

【考试要求】

掌握仪器的刻度步骤、方法、注意事项，熟悉刻度时负载的挡位设置，刻度后流体孔隙度的大小，了解仪器重新进行刻度的条件。

（7）基本知识

【考试内容】

回波串是指采集到的原始数据是横向弛豫回波幅度数列。

核磁共振测井的主要测量对象是地层的氢原子。

静磁场方向与交变电磁场方向的关系是相互垂直时，才能产生核磁共振。

仪器测井目的是利用核磁共振现象测定岩石中自由流体和束缚流体含量。

仪器标准 T_2 模式的 T_W 选取：一般要求大于纵向弛豫时间最长的地层流体的 3 倍。

MRT6911 偏心核磁共振成像测井仪的优势包括：能反映孔隙系统的几何参数分布特征，在有利条件下区分油、气、水，对岩性、泥质含量不敏感，能准确选定工作区，可实现径向成像。

【考试要求】

熟悉 MRT6911 偏心核磁共振成像测井仪器基本概念、基本知识，了解其地质解释的优势。了解仪器标准 T_2 模式的 T_W 选取要求。

（五）声波成像测井仪

1. 1671CBIL 井周声波成像测井仪（5700）

（1）仪器总体描述

【考试内容】

1671CBIL 井周声波成像测井仪是通过旋转探头扫描井眼成像的，晶体发射出高频声波，通过测量返回波的幅度和传播时间而成像。仪器 EB/MB 电子线路主要包括：WTS 驱动板、PHA 板、FLASH 板、发射板、磁力计板、AC 马达供电板、CPU 板。

应用：方位测量；探测和测量裂缝、井眼冲洗带；探测层面和裂缝方位；利用高分辨率井径数据检测井眼几何情况；探测薄层砂泥岩；定位和评估套管内部腐蚀、损坏、穿孔等；DIP 探测。

【考试要求】

掌握 1671CBIL 井周声波成像测井仪作用、电子线路组成。

（2）仪器脉冲幅度分析器组成

【考试内容】

PHA 板包含以下 4 部分电路：增益控制；峰值探测和 A/D 转换，首波探测器和逻辑/控制电路。

这些电路的功能是测量超声波晶体回波脉冲的幅度和到达时间。输入 PHA 板的回波脉冲来自发射板。

【考试要求】

掌握 1671CBIL 井周声波成像测井仪器脉冲幅度分析器组成。

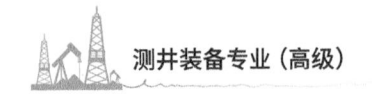

（3）仪器 WTS 驱动板数据传输模式

【考试内容】

1671CBIL 井周声波成像测井仪 EB 传输模式及传输速率：

模式 M2：20.8kb/s 到仪器。

模式 M2：41.6kb/s 到地面。

模式 M5：93.75kb/s 只到地面。

模式 M7：93.75kb/s 不到地面。

【考试要求】

掌握 1671CBIL 井周声波成像测井仪 WTS 驱动板数据传输模式。

（4）仪器发射脉冲信号来源

【考试内容】

发射脉冲信号（TREF）来自旋转部分。这个信号是由旋转探头旋转齿轮上的磁传感器得到的。轮上有 25 个孔，成像探头盘每转一周，这个齿轮将转 5 周，这样磁传感器将产生 1375（11×125）个脉冲信号。

【考试要求】

掌握 1671CBIL 井周声波成像测井仪发射脉冲信号来源。

（5）技术指标

【考试内容】

电源：180VAC，60Hz，0.6A。

扫描速度：11r/s。

井眼范围：5.5in（139.7mm）～16in（304.8mm）。

【考试要求】

掌握 1671CBIL 井周声波成像测井仪测井技术指标。

（6）FLASH 板组成

【考试内容】

FLASH 板由五部分电路组成：时钟/复位控制、FLASH 转换器、存储数据、译码器、电平转移。

【考试要求】

掌握 FLASH 板组成。

（7）磁力计板处理信号

【考试内容】

磁力计板提供以下三种信号：

MARK——仪器标记方位。

TREF——发射脉冲（允许传感探头发射）。

NORTH——磁北方位。

【考试要求】

掌握磁力计板提供的信号。

（8）刻度目的、有效延时

【考试内容】

CBIL 主刻度的目的是用来测量和记录在一可控制环境中仪器的响应所对应的工程值。通过该方式所获得的传播时间作为计算流体慢度和仪器延时的输入参数。传播时间、流体慢度和延时可以用来计算由声波得到的井眼半径。

延时是 2 个方向的传播时间（单位：μs），信号在充满油的旋转传感器和窗口之间传播，主刻度对应有效的延时范围为 29～39μs，而测前测后校验范围为 20～50μs。

【考试要求】

掌握 1671CBIL 井周声波成像测井仪的刻度目的和有效延时。

2. UIT5640 超声成像测井仪（CPLog）

（1）仪器基础知识

【考试内容】

①结构及测量原理。

结构：包括下井仪器和地面仪器两部分。下井仪器负责信息采集，而地面仪器则负责信息处理，存储数据和产生测井图像，采用 DTB 方式传输。超声成像测井用超声波作为信息载体，通过向井壁发射超声波并对井壁扫描而获得井壁图像。

测量原理：在井下仪器中有一个电动机，换能器在电动机驱动下以 5r/s 的速度顺时针旋转，发射的声波束将对井壁扫描，换能器每扫描一圈将发射 512 个点，从而产生 512 个测量信息。在井下仪器中还有一个方位线圈，它与换能器装在一起，并一起旋转。当换能器转到方位北时，就将资料排到下一行去，这样将资料一行一行地排列开来，并显示在屏幕上或打印在纸上，就形成了井壁的展开图像。图像的左边为方位北，顺时针方向依次为东、南、西方位。

②电路组成。

仪器超声成像测井仪电路由电源、发射、信号检测放大、同步、信号采集传输五部分组成：电源提供 ±12V、+5V、+34V 直流电压。±12V 用于一般集成电路，+5V 用于 CPLD 芯片以及低功率发射、+34V 用于高功率发射；发射电路提供发射时序及脉冲；信号检测放大电路用于声波信号（幅度与旅行时间）的检波及放大；同步用于适应不同的井况（套管井或裸眼井）信号采集传输（DTB）负责井下仪器 A/D 转换以及与 TCC 之间的通信。

【考试要求】

熟悉掌握 UIT5640 超声成像测井仪的基础知识。

（2）仪器特点

【考试内容】

UIT5640 超声成像测井仪特点：与常规测井不同的是，它不是用曲线而是用图像来表现井下地层的特性，这种图像是钻孔岩层井壁的实际影像。

【考试要求】

熟悉 UIT5640 超声成像测井仪特点。

（3）仪器用途

【考试内容】

UIT5640 超声成像测井仪用途：比较直观地从图像上解释裂缝和孔洞，识别裂缝的形态，区分垂直裂缝还是斜交裂缝，这种裂缝及裂缝形态的识别都无须进行任何计算。我们还可以通过简单计算求得裂缝的倾角和方位等。超声成像测井的另一重要用途是在套管井中检查套管射孔。

【考试要求】

了解 UIT5640 超声成像测井仪的用途。

3. UIT6641 超声成像测井仪（CPLog）

【考试内容】

（1）电子线路功能描述

整体描述：采用 CAN 总线传输方式，包括下井仪器和地面仪器两部分。下井仪器负责采集资料，而地面仪器则负责数据处理，保存数据和产生测井图像。下井线路包括 5 个功能模块，分别是激励与接收模块、放大与检测模块、控制与传输模块、同步模块和电源模块等。

激励与接收测量功能：测量模块由激励选择、驱动电路、接收初级放大电路组成，实现换能器激励和信号初级放大功能。

放大与检测测量功能：实现换能器回波信号的检测。回波幅度的大小反映井壁介质的性质和井壁的结构。井壁介质的密度越大，反射的能量越大，回波幅度就越大；反之，井壁介质的密度越小，反射的能量越小，回波幅度就越小。

控制与传输测量功能：控制与传输模块实现时序产生和控制、ADC、数据 CAN

总线通信功能。

同步测量功能：同步模块实现裸眼井地磁同步功能和套管井电源同步功能，其中磁通门同步电路是产生磁通门线圈的激励信号，可以分为周期方波信号产生电路、分频电路、直交流变换电路、功率放大电路部分。

电源功能：电源模块负责提供换能器激励电压+180V、模拟电路工作电压±15V和+5V、数字电路工作电压。

（2）UIT6641超声成像测井仪换能器概述

超声成像测井仪换能器为即发即收式换能器，500kHz换能器晶片直径尺寸为30mm，1000kHz换能器晶片直径尺寸为19mm。电容值在1000～2000pF之间。

【考试要求】

掌握UIT6641超声成像测井仪原理。

（六）多极子声波测井仪

1. MPAL6621多极子声波测井仪（CPLog）

（1）仪器用途、工作模式及特点

【考试内容】

①仪器用途。

进行储层的地质评价，包括岩性识别、岩性机械性能预测、地层孔隙度求取和渗透率估算等。主要用于射孔压裂效果检测与套后地层参数测量。

②工作模式、振动特性及工作特点。

单极子声波源：单极子测量使用的声源一般为圆管状，它一般做膨胀振动而向外辐射声波。

偶极声波源：一般做弯曲振动产生弯曲模式波向外辐射，使井壁水平振动产生挠曲波，呈正弦状沿井眼上传。在低频时，挠曲波以横波速度传播，而在高频时，挠曲波以低于横波的速度传播，偶极横波测井实际上是通过挠曲波的测量来计算地层的横波速度。

四极子声源：四极子声源在井眼中激发螺旋波单一模式波及其高阶模式，在截止频率附近，螺旋波的波速等于地层S波的波速，较低频率的四极子声源有抑制纵波的作用，对于横波测井非常有利。

【考试要求】

掌握MPAL6621多极子声波测井仪的用途；掌握多极子源工作模式、振动特性及工作特点。

（2）仪器结构、电路组成、常见故障分析

【考试内容】

① MPAL6621多极子声波测井仪控制传输板、接收采集板、高压驱动电路、发射逻辑控制电路、发射变压器的作用。

控制传输板：从控制传输板送来的双差分时钟信号，通过电路变换到3.3V电平的SCLK串行时钟信号发送给发射逻辑控制器。

接收采集板：接收采集板完成接收信号的放大、衰减、模式合成、AD变换，在高速串行命令总线的控制下按要求完成处理好数据的串行发送。

测试信号：来自控制器（CPLD）的两路数字测试信号合成一路模拟测试信号发送给接收通信，变化两路数字测试信号可以得到不同幅度和不同周期的模拟信号。承担通道功能检测的标准信号源。每个通道的衰减被通道控制器的独立的三根信号（CHxA0、CHxA1、CHxA1）控制。

高压驱动电路：驱动电路把CPLD输出的5VTTL逻辑信号转换为12V的CMOS逻辑信号，加快互补驱动电路的响应速度。

发射储能电路：由一个大功率限流电阻和储能电容构成。电容的大小决定储存的能量的多少。单极、偶极及四极发射换能器的工作频率和发射功率不同，因而各自激励信号强度与宽度不同，单极需要4000V/50μs的高压激励脉冲，而偶极需要1800V/约200μs的高压激励信号。

发射逻辑控制电路：发射控制电路依照串行命令，实现对1个单极、2个偶极、1个四极换能器发射时序及发射周期、发射脉冲宽度控制，确定在某一时刻选择哪一个换能器激励。单极、四极$X+$、四极$X-$、四极Y、偶极X及偶极Y的控制信号分别由约定时刻串行8时钟CLK上升沿对应数据线DATA上的值决定。

发射变压器：发射变压器把发射电源变压器输出的几百伏直流高压电压转换成声波换能器工作所需的几千伏高压脉冲来激励发射换能器。

②发射激励电路的组成、信号合成、系统控制电路控制和常见故障分析。

发射激励电路的组成：发射激励电路由8个大功率IGBT管组成，包括单极激励、偶极X激励、偶极Y激励、四极$X-$激励、四极$X+$激励和四极Y激励等。

单极信号合成：$M_n=(X_1+X_2)+(Y_1+Y_2)$。

偶极信号合成：$R_{nX}=(X_2-X_1)$，$R_{nY}=(Y_2-Y_1)$。

四极信号合成：$Q_n=(X_1+X_2)(Y_1+Y_2)$。

系统控制电路控制：系统控制电路采用串行方式对各部分电路进行控制和设置，数据采集电路和系统控制电路之间的数据传输通道采用串行方式。

常见故障分析：

通电后，发射换能器未能发出声音，检查发射电路有无工作。若无工作，应检查接收声系67芯承压盘与接收电子线路是否连接好。

在专家模式下，发射换能器发出声音较小，请检查地面缆头供电电压。若电压足够，请换一支发射声系；若一切正常，表明发射换能器有损坏。

【考试要求】

掌握仪器控制传输板、接收采集板、高压驱动电路、发射逻辑控制电路、发射变压器的作用；掌握发射激励电路的组成、信号合成、系统控制电路控制和常见故障分析。

（3）仪器声系构成及工作原理，相关基础知识

【考试内容】

① MPAL6621多极子声波测井仪声系构成。

仪器声系由发射声系、隔声体和接收声系组成。其中发射声系由一组单极子发射、两组同深度偶极子发射、一组四极子发射换能器组成。接收声系由8组口字形偶极子接收换能器组成。隔声体的作用是衰减和延迟通过仪器传播的声波信号，整个设计为刚性的蛤壳式结构，无活动的零件。

② MPAL6621多极子声波测井仪声系工作原理。

发射声系：发射声系内安装有一组单极压电陶瓷换能器、两个相互垂直的压电式偶极换能器（X方向偶极发射器和Y方向偶极发射器）及一组四极子换能器。另外安装有相应的5个发射高压变压器。发射激励电路分别产生单极、偶极X、偶极Y、四极$X+$、四极$X-$及四极Y的激励信号。当一路驱动电路的驱动信号加到相应IGBT管的栅极上时，控制IGBT管的导通与截止。IGBT管导通时，储能电路通过变压器的初级与IGBT管放电，在脉冲变压器次级产生高压激励信号加到对应的发射换能器上，使其工作，发射出声波信号。

接收声系：接收声系包括8个接收器组，每组有两对接收器。一对与X方向偶极发射器在一条直线上，用于接收X偶极信号；另一对与Y方向偶极发射器在一条直线上，用于接收Y方向偶极信号；交叉偶极时，每组接收器产生一对相交叉的偶极信号。当单极或四极声波源工作时，将每个接收器组的所有输出进行组合，得出相应模式的声波信号。

③横波、纵波、各向异性、周波跳跃、斯涅尔折射定律等基础知识。

横波：也称"凹凸波"，是波动的一种，特点是质点的振动方向与波的传播方向垂直。

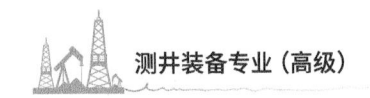

纵波：又称为疏密波，是指在传播介质中质点的振动方向与波的传播方向平行的一类波，形成的波是疏密相间的波形。

各向异性：各向异性是指物质的全部或部分化学、物理等性质随着方向的改变而有所变化，在不同的方向上呈现出差异的性质。

周波跳动：在两个接收器之间出现一个附加周期的旅行时的突然偏差就标志有周波跳跃的出现。近接收器也会产生晚一个周期触发的情况，这就产生较短的异常时间，称为短周波跳跃。

斯涅尔折射定律：

$$\frac{\sin\alpha}{\sin\beta}=\frac{c_0}{c_p}, \quad \frac{\sin\alpha}{\sin\gamma}=\frac{c_0}{c_s} \quad (3-2)$$

式中　α——入射角；

　　　β——纵波折射角；

　　　γ——横波折射角；

　　　c_0——井眼液体声速；

　　　c_p——地层纵波速度；

　　　c_s——地层横波速度。

在硬地层中，$c_p > c_s > c_0$，$\beta > \gamma > \alpha$，可以测量到滑行纵波和滑行横波。

软地层中，$c_p > c_0$ 而 $c_s < c_0$，$\gamma > \alpha$ 而 $\beta < \alpha$，只能测量到滑行纵波。

【考试要求】

熟悉 MPAL6621 多极子声波测井仪声系构成及工作原理；熟悉横波、纵波、各向异性、周波跳跃、斯涅尔折射定律等基础知识。

（4）远探测技术基础知识

【考试内容】

在 MPAL6621 多极子声波测井仪基础上升级主、副板接收采集电路板，采集控制时序程序，接收控制电路更换控制电路板，升级系统前端采集计算机工作程序，配套升级 DEPTH 动态库（具有深度采集间隔选项的 DEPTH 动态库），解释增加"多极子阵列声波远探测处理软件"平台。测井速度从原来的 120m/h 提升到 360m/h，测速提升 3 倍，对井眼周围距井壁较远的地层界面、裂缝或断层进行成像分析，进一步识别地质构造。

【考试要求】

了解远探测技术基础知识。

2. 1678 交叉多极子声波测井仪（5700）

（1）电子线路组成及功能

【考试内容】

① 串行通信。

声波仪器公用部分发出的串行通信由 4 条特殊的缆线组成：串行数据线、时钟线、读/写线和发射线。

② 模拟接收器。

接收器组件包含两个接收板，该板安装在接收器的骨架上。

两个模拟接收器板给不同输入的 8 个 P 波接收器及 8 个 S 波接收器提供选择的顺序。

模拟接收板从声波公用通信线接收串行并响应于它的命令。

③ MAC 接收器板。

这块板还有两个完全相同的通道，每个通道包含有用于处理来自单极子（P 波）及偶极子（S 波）接收器信号的放大器，衰减网络以及带通滤波器。

放大器的输出送到 4 级高通滤波器的输入，它具有三个软件的截止频率，其频率是 500Hz、1000Hz 和 1500Hz。它由多路选择器选择不同的电阻决定。滤波器部分的整个增益是 2.57V/V（8.2dB）。

高通滤波器的输出送到 4 级低通滤波器的输入，它具有三个软件控制的截止频率，其频率是 3kHz、5kHz 及 23kHz。它由多路选择器选择不同的电阻决定。滤波器部分的整个增益是 2.57V/V（8.2dB）。

【考试要求】

掌握 1678MA 交叉多极子声波电子线路组成及功能。

（2）电子线路高压及脉冲宽度描述

【考试内容】

① 概述。

发射器声系部分包含变压器和发射探头，以产生全方位的声波波形单极子发射器和单一方向的声波波形偶极子发射器。声系中每种类型的发射器各有两个。

② 单极子发射器。

1678BA 发射声系的单极子发射器电路由脉冲变压器 T_1（32T/500T）及单极子发射器组成。单极子发射器有两个柱形压电陶瓷并行连接，并跨一个限压二极管。

当 P 波的 FIREI 被激活时，电容器 C（在发射电子线路上）通过变压器的初级线圈放电，通过变压器的次级产生的高压（峰值为 4kV，脉冲宽度为 50μs）加到发射晶体，将产生一个方位压力波传向周围的流体介质。

连接到变压器次级的二极管，用于压制单极子换能振铃。

③偶极子发射器。

1678BA 发射声系偶极发射电路由脉冲变压器、偶极子发射器、偏压元件电阻及电容组成。

偶极子发射器有两片压电盘用导电环氧树脂胶合在导电盘上，一个压电盘用它的正极交接在环氧树脂胶结基盘上，另一压电盘用它的负极胶结到环氧树脂基盘的另一面上。当 S 波的 FIREI 电路被激活后，电容器 C（在发射器电子线路里）通过变压器的初级放电；通过变压器次级产生的高压（约 2.4kV 峰值，脉冲宽度 210μs）加到两个压电盘及中间的基盘上，由于两个压电盘连接的极性正好相反，一个压电盘产生膨胀，另一个压电盘收缩，这就引起基盘的弯曲，产生一个单方向的压力波进入周围的流体介质中。

压电盘被极化偏振，它可通过加一个反极性高压 410VDC 进行消除。

【考试要求】

掌握各个高压及脉冲宽度。

（3）发射器电子线路

【考试内容】

①发射器电子线路。

发射器电子线路共有三块电子线路板安装在发射器骨架上：发射电路/电压提升板，P 波发射板，S 波发射板。

②发射电路/电压提升板。

该网络的功能是：整流和滤波 AC 输入电压；将转换后的输入电压提升到约为 410VAC，这个电压提供给装在外部的发射电容器 C_1；提供稳压的输入 AC 电缆电压。

当骨架的电容器 C 放电后，前面所描述的控制动作自动开始给 C 充电，充电时间约为 30ms。当 C 发生放电时，交流电输入电缆上的电压将下降，因为它需要很大的充电电流。从某种程度上讲，骨架上的电感器 L 及安装在板上的电容器 C 组合减小了其瞬间的影响。

【考试要求】

掌握电容器充电时间、电压提升板作用。

二、裸眼井常规测井仪系列

（一）声电常规测井仪器

1. CPLog 系列

（1）常规电法测井仪器基本知识及测井应用

【考试内容】

电阻率测井作用：电阻率测量值用来描述地层侵入特性以及求取地层含油饱和度。

电阻率测井井眼条件：双侧向仪器适合在低阻钻井液、高阻地层的条件下测井，感应测井仪器适合在高阻钻井液、低阻地层的条件下测井。

微电阻率测井：微球聚焦测井主要测量地层的冲洗带电阻率，当冲洗带电阻率大于侵入带电阻率大于地层电阻率为"高侵"。

感应测井常识：由 Doll 提出的几何因子理论，是研究井眼、侵入、地层等对测量信号贡献的理论。常规感应测井有用信号和无用信号相位相差 90°，通过测量有用信号来测量地层的电导率。

地层水矿化度：SP 测井值与钻井液矿化度有关，钻井液矿化度与地层水矿化度相近时，SP 幅度变化不大。激发极化电位测井适用于地层水矿化度较低的地层。

电极材料：电法仪器的电极一般采用铅或者其他惰性材料，以减小极化电位的影响。

【考试要求】

熟悉常规电法测井仪器（包括双侧向、双感应八侧向、微球、微电极等）基本概念、理论基础，了解电阻率测井的侵入特性、电极材料的选用。

（2）DLL1505 双侧向测井仪

①主要技术指标和要求。

【考试内容】

测量内容见表 3-5。

表 3-5 DLL1505 双侧向测井仪测量内容

测量范围，$\Omega \cdot m$	0.2 ~ 40000
纵向分辨率，m	0.7 或 0.4
径向探测深度，m	浅侧向 0.4，深侧向 1.1
主曲线	深电阻率，浅电阻率

井眼条件：DLL1505双侧向测井仪可以在裸眼井的淡水和盐水钻井液的条件下测井，不能在金属套管井或者油基钻井液、气体钻井流体条件下测井，测井时，要求仪器居中。

【考试要求】

掌握仪器的测量范围、探测深度、分辨率，熟悉仪器测井的井眼条件。

②工作原理。

【考试内容】

DLL1505双侧向测井仪主要由电子仪和电极系组成。

当井下仪加电后，首先由井下DSP控制电路产生初始命令，控制仪器工作状态和深、浅屏流，由DSP直接输出经控制的可变直流供屏流源产生信号。浅屏流送往A_1电极，由A_2返回，同时分一路送到A_0电极。深屏流送到A_2、A_1电极返回鱼雷电极（电缆外皮）。当深屏流在A_1、A_2电极电位不等时，就会在A_1^*、A_2电极间产生电位差$\Delta V_{A_1^*A_2}$，此电位差送入辅助监控放大器放大，调整A_1电位使$\Delta V_{A_1^*A_2}$趋于零，从而使A_1、A_2电极电位近似相等，深屏流另外分出一路送到A_0电极。

当深、浅屏流在M_1与M_2（M_1'与M_2'）间的电位各不相等时，由主监控放大器分别放大各自产生的电位差$\Delta V_{M_1M_2}$，调整A_0电极的电压，使$\Delta V_{M_1M_2}$趋于零，形成聚焦电场，迫使主流呈圆盘状进入地层。对DLL1505双侧向测井仪，要测量A_0的电流，测量M_2电极与N之间的电位差，送入V_0电压放大器放大，产生V_0直流信号；由串联于电流回路的电流变压器取得I_0信号，送入电流放大器放大，产生电流直流信号。V_0、I_0信号送入多路选择开关，分路进行A/D转换，然后送入DSP计算各自的$R_a=K\dfrac{V_0}{I_0}$（K为电极系系数，DLL1505双侧向测井仪电极系：K_d=0.89，K_s=1.45），控制DSP输出的直流信号，控制深、浅屏流的变化，形成井下闭环控制，完成深侧向电压V_d、电流I_d和浅侧向电压V_s、电流I_s四个信号的测量，从而可以计算出地层电阻率。

由地面发出控制命令字，经译码控制井下仪器刻度、测井工作状态及N电极选择，N电极一般情况下放在地面。

【考试要求】

了解仪器测井原理，熟悉深浅侧向主流、屏流辅监控等发射及回路电极，熟悉仪器的电压测量参考点（N电极），掌握仪器的测量信号和主要测井曲线，了解深浅侧向电极系系数。

③电子线路。

【考试内容】

电子仪主要包括电源、数据采集控制和线性电路。电源提供电子线路工作的稳压电源。数据采集控制电路提供侧向深、浅屏流控制信号，继电器控制信号，提供 A/D 控制、采集、转换，上传数据和下传命令的 CAN 总线通信接口。深、浅屏流将从采集板输出深、浅侧向直流控制信号 Vdpc、Vspc，通过斩波电路转换为方波，再经带通滤波电路输出为正弦波信号，最后经功放输出到屏流变压器。

采集电路板的数据采集电路包括数据采集、A/D 控制、A/D 转换和格式编排。

测量电路采用带通滤波电路将工作频率（中心频率）信号通过，抑制或者滤除其他信号。然后，采用相敏检波电路将正弦波信号转换为脉动直流信号，再经低通滤波后送到采集电路板。双侧向相敏检波电路组件一般采用模拟开关。

【考试要求】

掌握电子仪的组成，熟悉数据采集电路板的基本功能和作用，了解屏流电路的工作原理及信号流程和斩波电路采用的组件，了解测量电路的工作原理和流程及相敏检波电路采用的组件。

④电极系。

【考试内容】

双侧向电极系由位于中心的主电极 A_0，上下对称的两对监督电极 M_1、M_1' 和 M_2、M_2'，两对屏蔽电极 A_1、A_1' 和 A_2、A_2'，取样电极 A_1^*、$A_1^{*'}$ 等共 11 个电极组成。11 个电极以 A_0 为中心对称分布在绝缘芯棒上，电极与绝缘体之间采用端面密封、内部充油、活塞式压力平衡结构，保证了电极系在高温高压环境下的绝缘性能。

【考试要求】

掌握电极系的结构和组成，熟悉电极系各电极的分布和作用，了解电极系的压力平衡方式和密封方式。

⑤仪器刻度。

【考试内容】

DLL1505 双侧向测井仪内刻度是参照国内外侧向测井仪器的刻度方法设计的一种刻度。在侧向仪器中，受环境影响最大的是测量电路，刻度方法是通过分别对电压、电流测量电路进行刻度，克服电路自身的影响（尤其是小信号的影响），从而更加准确地测量地层电阻率。DLL1505 双侧向测井仪采用内刻度作为主刻度、主校验和测前、测后校验。

主刻度的工程值是通过理论计算，在给定屏流输出情况下的电压、电流测量电路输入端的值，低、高刻测量值是电压、电流测量电路的输出值。

RLLDLow、RLLDHigh、RLLSLow、RLLSHigh 是测量值通过反计算为电路输入端电压、电流的比值，即 VI/II。该比值大约为 29（范围：27～31）。由于高刻、低刻的电压、电流比值相同，因此，上述 4 个值也相同。

【考试要求】

掌握仪器的刻度方法和流程，掌握仪器刻度的目的和作用，了解主刻度工程值、测量值的含义及高、低刻比值的范围。

⑥测井应用及故障判断。

【考试内容】

双侧向测井中，浅侧向反映的是侵入带的电阻率，深侧向反映的是原状地层电阻率。

由于 DLL1505 双侧向测井仪没有单独的电子仪，测井时绝缘短节应放在侧向仪器上端，绝缘短节绝不能直接放在仪器的上端。

DLL1505 双侧向测井仪深侧向的电流回路（10#）可能受上端带推靠仪器的影响而无法导通。测井时，会出现深侧向曲线不正常，并且 V_d、I_d 为 0，浅侧向曲线正常，深、浅侧向内刻度正常。

DLL1505 双侧向测井仪采集控制电路、刻度换挡电路、+24V 电源电路的故障，可能导致"测井"挡工作正常，但"低刻"挡和"高刻"挡无法正常换挡。

DLL1505 双侧向测井仪内刻度状态浅屏流电路不正常，可能导致浅电流 I_s、电压 V_s 输出不正常。

DLL1505 双侧向测井仪内刻度状态只有深电流 I_d 不正常，其他正常，通常是测量电路板的深电流通道故障。

【考试要求】

掌握仪器的测井连接顺序和方法，熟悉仪器连配测试、测井时常见故障的判断和解决，了解仪器测井曲线地质作用。

（3）BCA5601 补偿声波测井仪

【考试内容】

① BCA5601 补偿声波测井仪的补偿原理。

采用补偿测量办法进行声波时差测井的方法，补偿测量能消除恶劣井眼条件的影响。补偿声波测井仪测量的传播时间可用来进行地层对比和计算地层孔隙度。

② BCA5601 补偿声波测井仪各功能电路。

声波电路主要由 DTB 接口电路、声波握手电路、信号放大电路、发射驱动电路四部分组成。

DTB 接口电路：补偿声波 DTB 接口板负责与 TCC 短节通信，接收地面系统通过 TCC 短节发来的声波控制命令，产生所需的声波时序控制信号和声波增益控制码，并通过 TCC 将声波的状态信息发送到地面，即完成命令接收和状态数据传输两个功能。

BCA5601 补偿声波测井仪 DTB 接口板上的 U_1 构成数据变换电路，该电路负责将 ±1.2V 的双向归零值制信号恢复成 12V 的单极性数据信号和 12V 的数据移位时钟信号。

声波握手电路：对从 DTB 接口电路送来的发射控制信号进行处理，确定 4 个发射探头的哪一个发射器将被触发，发射器被触发的时间由 TCC 短节来的 80μs 宽的低电平握手信号控制，以保证在进行数据传输时声波信号能够按照一定的顺序进行传送。

信号放大电路：作用是将接收探头的信号在 DTB 接口电路所接收到的控制信号对声波接收信号进行选通放大，DTB 接口电路送来的 RL 和 RL′ 信号控制主放大板的模拟开关，使得每次发射只选择一路信号进行放大并输出。主放大器增益的大小按照 DTB 接口电路控制字 A、B、C 决定，一共设置 8 个挡位。逻辑解码的同步信号从主放大的末级加入，使声波信号加上发射标记脉冲。

信号放大板的功能是将上下接收晶体收到的声波信号进行放大，并在 DTB 接口板的控制下实现声波信号的分时传送，对信号大小进行衰减控制、发射瞬间干扰抑制，以及声波信号与发射标志叠加等。输入变压器起到隔离和抑制共模干扰的作用。当 GATE 为低电平时，抑制了发射干扰，从而使发射瞬间的基线趋于平直。当 GATE 变为高电平时，将信号引入放大电路中，经过求和放大经仪器上部的 31 芯插座的 24 芯送往 CTGC 短节，由 CTGC 短节分时送往地面。补偿声波信号放大板近远道单独放大，近道放大 8 倍，远道放大 11 倍，以提高远接收信号的首波幅度，使之接近于近接收信号。

发射驱动电路：电源变压器 390V 交流经整流（扼流圈板），产生高压。补偿声波发射驱动电路瞬间短路放电脉冲，该脉冲经发射变压器升压，在次级出现一个约 3000V 的高压脉冲。

③握手信号的基本作用。

声波握手板的作用就是在声波握手信号和从 DTB 接口板来的声波发射控制信号的作用下，产生声波发射脉冲。

④ BCA5601 补偿声波测井仪的用途是确定含流体地层的孔隙度。

【考试要求】

熟悉 BCA5601 补偿声波测井仪的补偿原理。

掌握 BCA5601 补偿声波测井仪各功能电路和握手信号的基本作用。

了解 BCA5601 补偿声波测井仪的用途。

（4）CCIT15421 井径连斜测井仪

【考试内容】

①仪器概述。

CCIT15421 井径连斜测井仪电子线路短节是测井系统中作为井孔姿态测量的仪器，可为系统提供井孔的倾斜角、方位角、相对方位角以及高边工具面角。仪器工作所需电源都由遥测短节提供。测井时，CCIT15421 井径连斜测井仪一般挂接井径推靠器，不测井径时，也可单独连接在组合串测井采集连斜信号。

②主要技术指标及要求。

倾斜角：测量范围为 0°～180°；测量误差为 ±0.2°。

方位角：测量范围为 0°～360°；测量误差为 ±2°（井斜角 ≥ 3°），±5°（井斜角 2°～3°）。

③仪器构成及工作原理。

CCIT15421 井径连斜电子线路短节由连斜传感器总成、数据采集处理板、传感器处理板以及推靠控制板四部分组成。

传感器处理板安装在连斜传感器骨架上，包括三路加速度计、三路磁力计、一路温度信号的采集处理电路，以及七路模拟信号的模拟开关转换电路。

井径电路是一个恒流源电路，电流约为 12mA。当井径变化时，推靠器的双臂也随之变化，牵动井径电位器的滑动臂也随之移动。

推靠控制板的继电器控制 2 号、10 号两根缆芯的通断。在执行推收命令时，仪器上、下 31 芯插头座的 2 号、10 号为断开的。

【考试要求】

熟悉仪器的主要作用，了解仪器的连接方式。

熟悉仪器的测量范围、测量误差。

掌握仪器的组成，熟悉井径供电电路、推靠控制电路的工作原理，了解传感器处理电路的组成功能。

（5）DAS1545 数字声波测井仪

【考试内容】

① DAS1545 数字声波测井仪的组成。

从仪器结构来讲，DAS1545数字声波测井仪由上接头电路组件、声系电路组件和下接头电路组件组成，分别介绍如下。

上接头电路组件：1个高温低压电源总成ALS-10CM04K，1个采集转发模块ZH201A。

声系电路组件：5个前端采集模块SCDC114087，5个接收换能器YTG-5N，1个发射换能器YTG-5700，1个发射变压器HB15FS，1个温度传感器NYI-PT-03。

下接头电路组件：1个高温高压电源总成ALS-20CM05K，1个发射控制模块ZH202A。

②前端采集模块的功能。

数据采集筒是一个承压筒体，分布安装在声系内的接收换能器阵列中，每个接收探头对应一个数据采集筒，采集筒内安装有一个前端采集模块，主要功能是对接收探头传来的声波信号进行放大，采集波形并将波形数字化，通过内设的CAN总线送到采集转发模块，同时接收上电子线路采集转发模块的控制命令。

③DAS1545数字声波测井仪声系绝缘性的检查。

在仪器进行通电检查前，要用万用表对仪器进行一般性检查，包括连通性检查（见表3-6）、对地绝缘检查（见表3-7），以保证仪器通电的安全性。不可使用兆欧表进行绝缘检查，以免损坏声系内的前端采集电路模块。

表3-6 连通性检查表

31芯上接头	上26芯接头	信号描述	电特性，Ω	31芯下接头	下26芯接头	电特性，Ω
1	1	220V	<1	1	1	<1
4	4	220V	<1	4	4	<1
7	12	通线	<1	7	12	<1
10	13	通线	<1	10	13	<1
16	20	CAN地	<1	16	20	<1
21	23	CANH	<1	21	23	<1
22	24	CANL	<1	22	24	<1
17	9	通线	<1	17	9	<1
23	8	通线	<1	23	8	<1
31	3	通线	<1	31	3	<1

表 3-7　绝缘检查表

31 芯上接头	电阻值，Ω
1-G	∞
4-G	∞
7-G	∞
10-G	∞
17-G	∞
23-G	∞
31-G	∞
21-22	120

测井时渗透层不得出现无关的跳动，如出现周波跳跃，应降低测速重复测量。

【考试要求】

熟悉 DAS1545 数字声波测井仪的组成、前端采集模块的功能、声系绝缘性的检查。

（6）TTMR1521 张力井温钻井液电阻率短节

①仪器概述。

【考试内容】

TTMR1521 张力井温钻井液电阻率短节位于遥传短节的上端，主要测量缆头张力、钻井液电阻率、井眼温度 3 种参数。TTMR1521 和遥传短节同时下井测量，电源由遥传短节提供，信号采集和传输由遥传短节完成。

仪器短节由探头部分和电子线路部分构成。探头部分包括张力传感器、温度传感器、测量钻井液电阻率的电极系和压力平衡装置等。电子线路部分包括张力、温度和钻井液电阻率的测量电路。

缆头张力通过张力传感器来测量。如果在测井过程中发生遇卡，则通过与天滑轮上的张力值比较，就可判断在测井上提时是电缆遇卡还是仪器遇卡；如果是电缆遇卡，则天滑轮上的张力值急剧变大，而缆头张力的值没有大的变化；如果是仪器遇卡，则缆头张力值和天滑轮上的张力值同时急剧变大。

温度传感器裸露于井眼流体中，温度测量值直接反映井眼温度。

钻井液电极环直接和钻井液接触，通过一组微电极系测量钻井液电阻率。

【考试要求】

掌握仪器的连接方式，掌握仪器张力、井温、钻井液电阻率等主要参数，熟悉仪器信号、电源、刻度换挡控制等流程。

②主要技术指标和要求。

【考试内容】

A. 测量内容如表 3-8 所示。

表 3-8　TTMR1521 张力井温钻井液电阻率短节测量内容

缆头张力，N	测量范围：-40000 ~ +40000
	测量误差：±10% 或 686
	分辨率：150
钻井液温度，℃	测量范围：-20 ~ 175
	测量误差：±3
	分辨率：0.1
钻井液电阻率，Ω·m	测量范围：0.01 ~ 10
	测量误差：±10%
	分辨率：0.01

B. 井眼条件。

TTMR1521 张力井温钻井液电阻率短节可以在裸眼井的淡水、盐水和油基钻井液的条件下测井，不能在金属套管井或者气体钻井流体条件下测井。测井时，要求仪器居中。

C. 记录点。

缆头张力：702mm。

钻井液温度：518mm。

钻井液电阻率：458mm。

【考试要求】

掌握仪器的测量范围、测量参数、分辨率，熟悉仪器的记录点，了解仪器的井眼条件要求。

③仪器构成及电路原理。

【考试内容】

A. 仪器结构。

TTMR1521 张力井温钻井液电阻率短节由探头部分和电子线路部分构成。探头部分包括张力传感器、温度传感器、测量钻井液电阻率的电极系和压力平衡装置等。电子线路部分包括发射电路、测量电路。

B. 电子线路原理。

钻井液电阻率：发射板为电极环提供频率为 1.22kHz 频率的正弦波，通过电极 1、4 进入钻井液建立电场，发射回路 4 号电极是仪器外壳。测量电路测量电极环 2、3 的电位差，得到钻井液电阻率。

缆头张力：张力测量的目的是测量所有挂接下井仪遇阻遇卡时的张力，张力测量电路在测量板上。张力测量电路将 10V 恒压输出到张力探头。张力信号输出：张力拉力为正输出，压力为负输出，仪器平放时信号应为 0mV ± 100mV。

钻井液温度：井温测井的目的是测量井眼钻井液温度。

【考试要求】

掌握钻井液电阻率、张力、井温测井原理、电路原理和信号流程，熟悉测量电路的组成、电路功能，了解钻井液电阻率发射频率和波形及张力信号测量输出范围。

④仪器探头。

【考试内容】

TTMR1521 张力井温钻井液电阻率短节探头部分由张力传感器、温度传感器、钻井液电阻率电极系、压力平衡装置、承压插头等组成，仪器探头上下两端都采用承压插头密封。仪器在测前、测后都要检查探头内的活塞位置，判断仪器是否缺少硅油。为了保证测井时压力平衡，当探头平衡活塞端面位置未到达油面线时，应及时补油，填充的油为 100 号硅油。

【考试要求】

了解仪器探头结构和组成，掌握探头的注油、补油方法和要求。

⑤仪器刻度。

【考试内容】

TTMR1521 张力井温钻井液电阻率短节的三个参数都在室内进行刻度。测井前，将相关刻度参数输到该仪器的主刻度界面，并计算保存。测井时，加载调用。注意，内刻度不能作为主刻度，只能用于检查仪器。

【考试要求】

掌握仪器的刻度方法，熟悉仪器刻度数据的录入和刻度计算、保存、加载等操作。

（7）CTGC1501/1502 遥传伽马短节

①仪器概述。

【考试内容】

CTGC1501/1502 遥传伽马短节用于井下仪和地面系统之间的数据交换，负责将地面控制命令发送到井下，同时将井下仪器数据打包传送到地面。高速电缆遥传系统为半双工传输系统，从结构上划分为井下和地面两大部分。调制解调采用 COFDM（正交频分复用）方式，上传信道数据编码采用 QAM（正交振幅调制），下传采用 DQPSK（四进制差分相移键控），传输速率为 430kb/s 以上。在缆芯分配上，井下交流电源由缆芯 1 和 4 供给，信号传输由方式变压器接成 T5 方式，用幻象供电向井下提供探头及推靠电源。井下仪器总线为 CAN 总线，其终端负载电阻 100Ω，在通信稳定后，和地面通信的首字为 0X9a37。

遥传伽马短节由电源模块、调制解调板、电缆驱动板、方式变压器和伽马信号采集处理模块等几部分组成。在遥测伽马短节中，电源模块由 AC-DC 模块和两个 DC-DC 模块（包括 DC-DC1 和 DC-DC2，其中 DC-DC2 低压电源给 DSP 和 FPGA 芯片提供电源）共三部分组成，用来产生井下各部分需要的直流电源，包括 +24V、±12V、+3.3V、+5V、CAN5V、CAN3.3V 以及 1.5V、1.8V 等。

【考试要求】

掌握仪器的组成及作用，熟悉遥传信号传输方式、电源模块的使用和分配，了解地面通信的首字、CAN 总线负载电。

②主要技术指标和要求。

【考试内容】

信号传输方式：半双工方式。

信号调制和编码方式：COFDM，QAM，DQPSK，RS。

信号传输速率：430kb/s 以上。

字长：16b/ 字。

信号带宽：150kHz。

传输误码率：$< 10^{-7}$（通过 7000m 测井电缆与井下遥测短节相连后的总体指标）。

与下井仪的通信波特率：800kb/s。

井下仪器总线：CAN 总线。

最高温度：CTGC1501：155℃；CTGC1502：175℃。

自然伽马测量范围：0 ~ 1500API。

【考试要求】

掌握包括信号传输方式、自然伽马测量范围等主要技术指标要求。

③构成及电路原理。

【考试内容】

CTGC1501/1502遥传伽马短节线路舱分为两个部分。上部为伽马信号采集处理部分，由晶体、光电倍增管、伽马高压模块以及伽马信号处理板组成；下部为遥测部分，包括开关电源模块、方式变压器、调制解调板和电缆驱动板。

调制解调板主要包括接收电路、ADC、FPGA控制电路、DSP主控电路、CAN总线控制电路、接口电路、DAC和模拟信号采集电路等。

调制解调板接收电路中，模拟开关采用并联形式主要是增加冗余和降低导通电阻，两个运放OPA211构成四阶切比雪夫滤波器低通滤波器。模拟信号采集电路中多路模拟开关模拟通道共16道，其中11道为输入模拟信号采集，包括电极系信号、三参数信号以及自然电位信号。

自然电位信号地面处理方式是从硬电极自然电位电极通过遥传仪器的电缆驱动板传到地面。

【考试要求】

掌握仪器的组成和功能，熟悉各部分电路的组成和作用，了解调制解调板接收电路的工作原理、信号流程和相关组件的作用，了解自然电位的信号流程。

（8）DIL6520双感应八侧向测井仪

【考试内容】

DIL6520双感应八侧向测井仪线圈系包括发射短节、感应线圈及八侧向电极，在感应线圈的中部有自然电位电极环，线圈系压力平衡采用活塞结构。感应线圈系有11组感应线圈，为了减少信号干扰，线圈系没有设计贯穿线，下端无法连接其他仪器。

发射短节电路包括发射电路板、谐振电路板和前置放大板。发射电路板产生20kHz正弦波感应发射信号和1250Hz方波八侧向工作信号。发射短接的外壳是八侧向的主、屏流回路。

感应发射线圈短路或开路都会影响谐振电路的谐振，导致仪器供电电流变大，而接受线圈的短路或开路一般对供电电流影响不大。

【考试要求】

掌握仪器线圈系的结构、压力平衡方式，熟悉感应、八侧向的工作频率和波形及八侧向的回路位置，了解感应线圈的组成，了解仪器供电电流变大的主要原因。

2. 5700系列

（1）1239双侧向仪器

①测量回路、工作频率。

【考试内容】

仪器工作频率：深侧向工作频率为32Hz，浅侧向的工作频率为128Hz。

1239双侧向仪器标准模式深侧向的电流返回到电缆外皮。

1239双侧向仪器深电压参考是通过电缆7芯连接到地面N电极。

【考试要求】

掌握1239双侧向仪器的工作频率、测量回路。

②刻度原理、测井模式。

【考试内容】

仪器在测井前必须做主刻度，以减少线路温度漂移的影响。仪器线路检查时，如果不接电极系检查电子线路，则必须将线路下端的15、16芯短路，才可以检测到正常的CAL、ZERO值。

仪器深侧向、浅侧向的工作模式包括：深标准模式、Groningen模式、浅标准模式、增强浅侧向模式。

【考试要求】

掌握1239双侧向仪器的刻度原理和工作模式。

③基本电路。

【考试内容】

1239双侧向仪器电子线路主要有以下电路模块：前置放大、深浅驱动、深浅参考、电流测量。

1239双侧向仪器的检测电路包括以下主要部分：电压前置放大、电流前置放大、相敏检波、反馈电路。

电流源参考和驱动电路的电路板包括：逻辑和深参考、深驱动、浅参考、浅驱动、VEQ板、BUCKER板。

【考试要求】

掌握1239双侧向仪器检测电路组成。

④测量范围。

【考试内容】

1239双侧向仪器的测量范围：0.2～40000Ω·m。

【考试要求】

掌握1239双侧向仪器的测量范围。

⑤仪器故障分析。

【考试内容】

仪器换挡电源在 3516 里面,在井深和温度高的测井过程中如出现不换挡,通常采取提高缆头电压来解决问题。

测井的过程中如出现深浅侧向内刻度正常,深侧向测井值正常,但是浅侧向测井值偏低,分析可能的故障点会是:浅电压相敏检波、A_2 电极绝缘、浅驱动电路。

仪器测井过程中,如果 CAL、ZERO 值正常而 LOG 值不对,通常怀疑存在以下故障:电极系绝缘、10 芯接触不良、继电器故障。

仪器测井前,整个仪器串需要检查 10 芯通断,如果其电阻大于 1.5Ω,所检查的仪器应该维修或更换。

【考试要求】

掌握 1239 双侧向仪器的故障分析方法。

⑥仪器电极系属性。

【考试内容】

仪器在测井仪器串上作为 A2 电极的有 1239EA(电子线路短节)和 1239MA(机械短节)下部仪器。3967XB 双侧向隔离短节的目的是限制上部 A2 电极的长度,其下部 28 芯插头中 25 芯接仪器上端外壳,24 芯接下端外壳。

【考试要求】

掌握 1239 双侧向仪器的电极系属性。

(2) 3514 遥传仪

①仪器传输模式、传输速率。

【考试内容】

3514 遥传仪使用的模式如表 3-9 所示。

表 3-9 3514 遥传仪使用模式

模式	用途	传输速率,kb/s
2	发送命令和向地面发送数据	20.83/41.66
5	仪器串向地面高速发送数据	93.75
7	仪器串向地面高速发送数据	93.75

3514 遥传仪所采用的编码方式是曼彻斯特码,最大传输速率 230kb/s。

【考试要求】

掌握 3514 遥传仪的传输模式、传输速率。

②信号传输编码方式。

【考试内容】

5700 系统与井下仪器之间通信信号采用曼彻斯特编码，以减小误码。5700 系统 WTS 通信中命令字是固定的 20 位字节，包括 3 位命令同步和 1 位奇偶校验。5700 系统 WTS 通信中 M5 数据字长度不是固定长度的，由 8 位 0 加上 3 位数据同步再加上可变长度的数据位。

【考试要求】

掌握 5700 信号的传输编码方式。

③仪器作用、故障分析、电路结构。

【考试内容】

3514 遥传仪的主要功能是与地面系统建立通信、作为遥传通道转发器、创建 WTS 类仪器的总线（WTS-IB）。

3514 遥传仪的一个井下遥传接口输入信号有两个来源，一个是 3514 自身采集的 M2 数据；另一个是由 3514 下面的 WTS 下井仪的总线数据。电子线路板包括：采集 & 控制板、Repeater 板、传感器板、钻井液电阻率板。

【考试要求】

掌握 3514 遥传仪的作用、故障分析、电路结构。

④ SLAM 使用。

【考试内容】

3516 具有上部的 WTS 总线接口和一个下部的 3506PCM 接口，使得 WTS 仪器接在 3516 上面，而 3506PCM 兼容仪器接在 3516 下面。

WTS 接口的仪器都可与 3514 连接，WTS 兼容仪器理论上在仪器组合串中可以按任何次序连接，但是受限于传感器单元或机械方面。

3981 三参数、2330CCL、4209 三臂井径均可以接到 3514 仪器上部。

【考试要求】

掌握 SLAM 的用途。

（3）1680 声波测井仪

①电子线路基本电路构成。

【考试内容】

1680 声波测井仪使用的是 1677 电子线路，电子线路与 WTC 兼容，并能够同时从 8 个接收探头中采集 8 道全波列波形。利用 1677EA 可进行数据采集，实现井下数字化，收集数字 DSP 滤波，并且提供一个遥测接口。1677EA 也与数字声波

（DAL1680MA）兼容，但需要利用一个 45 芯到 32 芯的转接头。1677EA 包括电源、CPU 和两个 DSP 板。

【考试要求】

掌握 1677 电子线路组成。

②电子线路 CPU 板功能。

【考试内容】

CPU 板有如下功能：

A. 利用 +4.4V 的复位信号对 CPU 和 DSP 进行电源开关。

B. 产生 24MHz 振荡时钟信号。

C. 提供与 CPU、M2、M5、M7 的接口。

D. 提供与 256K 字节 RAM 数据存储器和 256K 字节的扇区可擦除闪存程序存储器。

E. 具有两个 4Mb/s 的同步输入输出口。

F. 具有一个 100Kb/s 的同步串行输出口。

G. 具有一个 Actel 可编程门阵列电路，用于胶合逻辑功能。

【考试要求】

掌握 1677CPU 板功能。

③电子线路 DSP 板结构组成。

【考试内容】

1677EA 仪器有两块 DSP 板，每一个 DSP 板有 4 个 DSP 通道。两块 DSP 板是相同的，但功能上由其所处的物理位置所决定。与 CPU 在同一面的 DSP 板被认为是主 DSP 板，另一面则认为是副 DSP 板。

所有 CPU 与 DSP 通道之间所变换的数据都通过主控制部分来实现。主控制部分也产生一些用于内部电路和本板上其他 IC 电路的信号。

【考试要求】

掌握 1677DSP 板的功能。

④通用电子线路检查及故障分析。

【考试内容】

1677EA 声波通用电子线路仪器 CPU 板在仪器上电后观察 DS2（红 LED）、DS3（绿 LED），其中任何一个 LED 不亮，说明该 CPU 板出现故障。

电源板电容短路或漏电、整流桥短路会导致 1677EA 声波通用电子线路仪器供电电流过大，电源板输出电压过低。

【考试要求】

掌握1677电子线路的故障分析方法。

⑤测井应用。

【考试内容】

1680MA数字声波测井仪主要应用于纵波时差Δt的测量，通过测量地层时差确定地层属性、孔隙度等。

【考试要求】

掌握数字声波测井仪器的主要应用。

⑥探头结构，晶体分布。

【考试内容】

1680MA数字声波测井仪上部有2只发射晶体，下部有4只接收晶体。

1680MA数字声波测井仪发射换能器间距和接收换能器间距分别是2ft、6in。

【考试要求】

掌握1680MA数字声波测井仪探头的结构和晶体分布尺寸。

⑦探头换能器频率特性。

【考试内容】

1680MA数字声波测井仪探头接收换能器有1~25kHz的带宽响应，足够覆盖测井需要的频率范围。

1680MA数字声波测井仪探头发射换能器是压电陶瓷晶体，具有2~18kHz的带宽响应。

【考试要求】

掌握1680MA数字声波测井仪探头换能器的频率特性。

⑧发射电路板。

【考试内容】

1680MA数字声波测井仪发射接口电路有6个大功率FET场效应管，驱动信号加到场效应管的栅极上时，控制场效应管的快速导通和截止。

仪器发射接口电路中，由于放电电流峰值超过140A，所以采用了3个大功率场效应管并联来完成电容C_1的放电工作。

【考试要求】

掌握1680MA数字声波测井仪发射电路板的作用。

⑨升压电路、点火高压。

【考试内容】

仪器驱动电路提供给发射晶体的高压脉冲幅度大约是 2800V。仪器点火电压、升压电路板完成以下功能：交流输入电压的整流和滤波；415VDC 升压电路；产生 +12VDC 电源。

【考试要求】

掌握 1680MA 测井仪的升压电路组成、点火高压。

⑩串行通信。

【考试内容】

1680MA 仪器和 1677EA 仪器之间使用串行通信，包括以下信号：Serial Data、Clock、R/W、Fire。

【考试要求】

掌握 1680MA 数字声波测井仪串行通信信号组成。

⑪信号接收电路。

1680MA 仪器接收板电路，可以对信号提供 8 级可变增益放大。

1680MA 仪器有两块接收板，每块接收板可以选择以下输入信号：两道接收信号、一个测试信号和一个接地信号。

（4）4401 方位测井仪

【考试内容】

总体描述：4401XB 方位短节是一种常规用途的井眼方位仪器。测井施工时，它能够连续地提供测井仪器相对于垂直方向及磁北方向之间的关系。

传输模式：仪器传输到地面的数据是利用标准的 WTS 通信协议，且仅利用模式 2（mode2）传输。

4401 方位测井仪组合测井能力，环境要求如下。

4401XA 与 WTS 仪器完全兼容，它可以和任何标准的 WTS 仪器组合。

4401XA 仪器利用地球磁场进行工作，外界强磁场将影响 4401 仪器传感器的数据。在组合测井时，要检查仪器串中相邻的仪器是否磁化，若磁化，会影响 4401XA 传感器数据，对正常测量造成影响。

4401 方位测井仪 CPU 板组成功能：CPU 板由两个相互独立的部分组成，即模拟和数字两部分。

4401XB 方位短节保温瓶内的 CPU 板控制着仪器的通信、模拟量采集和地址译码。

4401 方位测井仪滤波电路：

4401XB 方位短节方位传感器滤波的输出值应在 −4V 到 +4V 之间。

安装在方位模块中的 3 个重力加速度计 A_x，A_y，A_z 和 3 个磁力计 M_x，M_y，M_z，它们的输出在进入 8 道模拟多路选择开关之前通过 6 道滤波电路。6 道滤波电路完全相同，它们的截止频率是 0.2Hz，每一道的增益均为 1 且为同相放大。

4401 方位测井仪质量控制：

①总体检查。

A. 把仪器连接到 WTS 总线上，用 PC 系统运行测试软件。给仪器供 180VAC，供电电流应小于 50mA。

B. 检查 +5V、±12V 电源。在仪器骨架上的电源总线上测量，此时所测值与标称值之间误差范围要在 100mV 和 ±100mV 之内。

②方位检查。

A. 从仪器骨架上抽出传感器模块。

B. 把方位测试台放置在一个无磁环境内，最少 20ft 内没有铁磁物质。

C. 将传感器模块放入测试台内，用专用控制电缆线与电子线路连接好。

D. 记录质量检查值 QA 和 QB。

③QA 命令。

使用 QA 命令，就会显示出 3 个重力计的矢量和，其读数范围是 1000mGs±10mGs。

④QM 命令。

使用 QM 命令，可以显示出从 3 个磁力计的数据计算出的当地地磁场的磁偏角。显示的数据可以和当地测井分析中心提供的此时所处的特定的经度和纬度下的倾角对比、核实确认。

【考试要求】

掌握 4401 方位测井仪的传输模式、环境影响因素、CPU 板功能和滤波电路的截止频率。

掌握 4401 方位测井仪的质量控制。

（二）放射性测井仪器

1. CNLT5420/6421 补偿中子测井仪（CPLog）

（1）总体描述

【考试内容】

CNLT6421 补偿中子测井仪是一种具有两道热中子探测器的放射性强度测井仪器，用来测定裸眼井或套管井的地层结构的孔隙度以及判断岩性和确定泥质含量，是常规三大孔隙度测井项目之一。该仪器的探测器采用高灵敏度热中子探测器（^{3}He 正比计数管）。

补偿中子测井仪由外部壳体组件和内部电子线路芯件两大部分组成。仪器使用的中子源：活度为 20Ci 的 Am-Be 中子源。

【考试要求】

掌握 CNLT6421 仪器组成、使用的源。

（2）电子线路概述

【考试内容】

补偿中子测井仪电子线路由探测器、放大测量电路、低压电源和高压电源电路等组成。^{3}He 探测器输出的地层中子信号脉冲在 $0.5\mu V \sim 1.5mV$ 之间连续分布，脉冲经电荷灵敏放大器放大、甄别器甄别掉噪声后输入到分频器中分频。分频后的信号由电路成形器将其形成等宽等幅的脉冲，然后输出到信号传输电路。

仪器分为长、短两个源距道，两道电路完全相同，放大器放大倍数为 3200 倍，为了减小电路功耗，分频系数定为 2 分频。

【考试要求】

掌握 CNLT6421 电子线路的组成、功能。

（3）单元电路说明

【考试内容】

补偿中子测井仪采用 ^{3}He 正比计数管作热中子探测器，它在正常工作情况下输出负极性电脉冲，脉冲幅度在 $0.5\mu V \sim 1.5mV$ 范围内连续分布，脉冲宽度 $\leqslant 5\mu s$，为随机信号。

^{3}He 探测器的供电电压由它的坪曲线来决定。正常情况下，常温的 ^{3}He 探测器坪宽不低于 200V。

补偿中子测井仪的长源距探测器的高压大约为 +1350V，短源距探测器的高压大约为 +1155V。

【考试要求】

掌握 CNLT6421 补偿中子探测器的输出脉冲幅度、^{3}He 坪区要求及高压。

（4）故障检测及维修

【考试内容】

静态检测：

放大电路板做静态检测前，应该把高压输出线和 ^{3}He 管的输出线与线路板断开。给电路板供 ±12V 电压，静态工作电流应小于 5mA。再看门槛电压是否为

1.0V ± 0.3V。

把仪器的高压部分、探测器部分与测量电路部分焊接好，检查无误后打开直流稳压电源，正常情况下的本底 30s 计数应该为 0 ~ 2 个。

【考试要求】

掌握 CNLT6421 补偿中子本底 30s 计数。

2.1329 自然伽马能谱测井仪（5700）

（1）通信模式

【考试内容】

I/O 板为 WTS 总线与仪器的接口，主要由三部分电路组成：命令总线、Mode2 数据总线、Mode5 数据总线。

【考试要求】

掌握自然伽马能谱的通信接口板组成。

（2）探测器

【考试内容】

伽马射线探测的物理基础是光电效应。

PMT 为一种传感装置，与闪烁探测器一起用于伽马射线探测。当伽马射线通过 CsI 晶体时，由于晶体内的能量交换而产生闪烁光，闪烁强度是伽马能量的函数。

【考试要求】

掌握探测器的组成。

（3）自然伽马能谱测井地质知识

【考试内容】

自然伽马能谱仪器在测井采集的数据显示伽马值高，K、U、Th 值都高的情况下，可能反映的地层是页岩。

自然伽马能谱仪器在测井采集的数据显示伽马值低，K、U、Th 值都低的情况下，可能反映的地层是石灰岩。

岩石中自然放射性的强度，主要是由钾、铀、钍放射性核素的含量决定的。而钾、铀、钍所放射伽马射线的能量不同，分别为 1.46MeV、1.76MeV、2.62MeV。

【考试要求】

掌握自然伽马能谱测井地质知识。

（4）能谱窗

【考试内容】

仪器刚加电后，增益的缺省值为 3000，在测井记录之前要设置好增益并下载到下井仪器,能谱窗内的 5 个红色标记和 5 个峰标对应。尽量使 1.461MeV K 峰在 105 道,1.765MeV U 峰在 127 道,2.614MeV Th 峰在 188 道。

【考试要求】

掌握自然伽马能谱的关键峰道址。

（5）刻度原理

【考试内容】

自然伽马能谱测井仪刻度的目的是建立 API 和计数率的关系。

自然伽马能谱测井仪能测量伽马射线的能量、强度。

【考试要求】

掌握自然伽马能谱仪器的刻度原理。

（6）基本电路

【考试内容】

1329 伽马能谱仪器脉冲幅度分析器 PHA 的门槛比较电压是 54mV。

1329 自然伽马能谱仪器通信控制板有以下功能：

①M_2 通信。

②对来自地面的命令字和数据字进行译码。

③高压电源输入控制。

④保温筒温度采样。

1329 自然伽马能谱仪器中通信板的作用是：

①M_2 模式之间的通信。

②解码地面来的命令和数据。

③控制高压电源输入。

④采集保温瓶内温度数据。

【考试要求】

掌握自然伽马能谱测井仪电路构成及作用。

（7）故障分析

【考试内容】

自然伽马能谱测井仪在做以下维修工作后必须做主刻度：

①更换光电倍增管。

②更换晶体。

③更换高压电源模块。

④更换前置放大器芯片。

自然伽马能谱下井仪器在测井时不可以放在仪器串的任意位置。

自然伽马曲线重复不好的因素可能有以下几个：

①光电倍增管性能出现问题。

②晶体出现潮解、破裂或老化等。

③仪器的温度性能出现问题。

【考试要求】

掌握自然伽马能谱故障分析、刻度要求。

3. SNGR5410/6411 自然伽马能谱测井仪（CPLog）

（1）工作原理

【考试内容】

SNGR6411 自然伽马能谱仪由探测器、电子线路骨架组成，探测器由碘化铯晶体和光电倍增管组成。

闪烁探头输出的电脉冲信号通过电容耦合进入伽马能谱仪，为了充分利用 A/D 转换器的分辨率，通过前放将信号放大。高速 ADC 对输入信号进行 20MHz 的高速采样，采样数据传送到 FPGA 进行处理和存储。C8051F 单片机用于仪器的井下控制，负责接收从 FPGA 来的数据，通过 CAN 总线上传，同时通过 CAN 总线接受地面命令，控制 D/A 输出调节高压大小，改变光电倍增管放大倍数，从而调节闪烁探头输出信号幅度。

【考试要求】

掌握 SNGR6411 自然伽马能谱仪探测器组成、信号幅度控制。

（2）电路原理

【考试内容】

闪烁探头将自然伽马射线转化为电脉冲信号，电脉冲信号在预处理电路中经前置放大器放大、主放成形电路放大成形后送高速 ADC 转换。高速 ADC 转换后的数据送高速 FPGA，在高速 FPGA 中进行数据处理，处理完成后的数据传送给 MCU8051 单片机与地面进行 CAN 通信。自然伽马能谱仪还具有高压调节功能，高压调节是由 MCU8051 单片机控制 DAC 和高压模块完成。电源电路为整个系统供电。

【考试要求】

掌握 SNGR6411 自然伽马能谱仪电路工作原理。

（3）闪烁探头

【考试内容】

闪烁探头是一个密闭的暗盒，由闪烁体、光导和光电倍增管三个部件组成。

高压模块的输入电压为 ±12V，输出电压最高为 2000V，工作电流（输入电压为 ±12V 时）小于 30mA，输出电流为 250μA。

【考试要求】

掌握 SNGR6411 自然伽马能谱测井仪的闪烁探头组成、工作电流。

（4）仪器电路

【考试内容】

测量板电路主要由模拟电路和数字电路组成。模拟电路包括前置放大电路和主放成形电路，主放成形电路输出脉冲的幅值约为 400mV，宽度约为 6μs，但是此时上升沿约为 1.6μs。

数字电路包括 AD 采样电路、FPGA 处理电路、单片机控制电路、主放放大倍数控制电路、高压控制电路以及 CAN 通信电路。

【考试要求】

掌握 SNGR6411 自然伽马能谱测井仪的电路组成及功能。

4. LDLT6450 岩性密度测井仪（CPLog）

（1）仪器概述

【考试内容】

LDLT6450 岩性密度测井仪由电子仪总成和推靠探测器总成两部分构成。

仪器主要用于对地层密度、光电吸收系数和井径的测量。

测定 P_e 值时，需用长源距低能窗（也称岩性窗）LITH 的计数率 N_{LITH}，长源距低能窗 LITH 的能量范围为 60~100keV。

测量的曲线有以下参数：

①地层体积密度 ρ_b。

②光电吸收系数 P_e。

③密度校正曲线 $\Delta\rho$。

④井径曲线。

【考试要求】

掌握密度测井仪器构成及作用。

（2）电路分析

【考试内容】

电子仪分为两部分，即电源部分和电子线路部分（位于保温瓶中）。井下仪器的工作过程也是由地面计算机系统控制的，地面系统经电缆对 LDLT6450 发出指令，调节高压电源，控制电动机供电。

滑板电子仪包括：

①高压电源。

②高密度材料屏蔽体、晶体。

③长、短源距探测器光电倍增管。

④缓冲器——缓冲放大及高压控制。

滑板电子仪前置放大器板上的短源距 LSOUT、SSOUT 脉冲幅度输出为 −3.0V ± 0.2V。

电子仪主放大器板上的 LSPULSE、SSPLMSE 输出为 +3.7V ± 0.2V。

LDLT5450 岩性密度测井仪 CPU 板按 100KB/s 的速率向地面传送数据，一帧数据包含 20 个字节。

电子仪通信板中的上行数据格式为不归零制，信号幅度为 1.2V。下行数据格式为归零制，+1.2V 表示 1，−1.2V 表示 0。在下传命令中既含下行命令数据，也含下行时钟。

电子仪数字接口板主要有三大部分构成：CAN 控制电路、DSP 电路、DTB 接口电路。

DSP 电路是整个数字接口板最为核心的部分，用以完成 DTB 总线和 CAN 总线数据的转换、DTB 总线信号的产生、数据处理、逻辑转换等多种功能。

【考试要求】

掌握不同电路板长、短源距 LSOUT、SSOUT 脉冲幅度，接口板构成及功能。

（3）推靠及探头

【考试内容】

电动机推收电路包括两只限位开关、一只直流电动机、两只二极管。

地面面板经缆芯 2 和 10 给电动机提供一只 110V 的交流电源。地面下发命令到电动机控制板，控制电压极性，从而决定电动机旋转方向。

井径电位器的阻值为 5000Ω。

【考试要求】

掌握推收过程所有电路组成、电动机供电及电位器阻值。

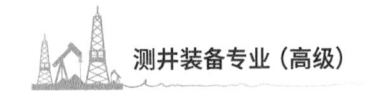

（4）测井仪维护保养

【考试内容】

把一只 ^{137}Cs 源放在 SS 窗口观察其 SS 缓冲器脉冲输出。这只脉冲的幅度值应该是 –3.0V ± 0.2V，并且不是平顶的。

检查 LS 缓冲器的输出，这只脉冲的幅值应该是 –3.0V ± 0.2V，并且不是平顶的。

探测器部分和电子线路放在 175℃恒温箱中进行最少半小时的温度测试。监控 SS 和 LS 计数率，使它们在 175℃与室温时偏差小于 5%。

【考试要求】

掌握维护保养检查的注意事项。

5. 2228/2234 岩性密度测井仪（5700）

（1）测井原理

【考试内容】

岩性密度测井是利用伽马射线与地层作用的光电吸收效应和康普顿 – 吴有训散射效应，测定地层的岩性和密度的测井方法。

岩性密度测井仪设计短源距的目的是为了克服滤饼对测量值的影响。

补偿密度的原理是利用伽马射线与地层作用及康普顿 – 吴有训散射效应，用来测量地层的视密度。

铯源（^{137}Cs）的发射能量为 0.66MeV 的伽马射线。

当伽马射线在地层中的能量衰减到 0.1MeV 以下时，则产生光电吸收效应，使低能伽马射线大幅度减少。而光电吸收截面与地层物质的原子序数密切相关，故可用来研究地层的岩石性质。

【考试要求】

掌握密度测井原理。

（2）高压控制原理

【考试内容】

控制器 / 数据采集板主要完成以下任务：

①负责本仪器的所有 M2 通信。

②对来自地面的所有命令和数据字进行译码。

③为长源距高压电源提供控制信号，默认 7.5V，增益 2048。

④短源距脉冲的计数。

⑤采集模拟电压信号，如井径、保温瓶温度、+5V 电源。

【考试要求】

掌握密度高压控制原理。

（3）放射源使用

【考试内容】

2228 岩性密度测井仪使用的源是 2Ci 铯源。

$1Ci=3.7 \times 10^{10}Bq$。

^{137}Cs 的半衰期为 30a。

2228 岩性密度测井仪长源距探头的稳谱源是铯源。

【考试要求】

掌握稳谱源、源使用。

（4）刻度原理

【考试内容】

密度测井仪是以饱含淡水的石灰岩为标准进行刻度的。

2228 岩性密度测井仪刻度采用的是 2 个大的金属块，再加上 2 个金属片。刻度块的值为经过休斯敦校验的已知的标准值，整个刻度过程包括 3 个部分：能量刻度、密度刻度和 P_e 值刻度。

铯峰、镁峰对应的谱道：Cs Peak 230 ± 5，Am Peak 23 ± 2。

【考试要求】

掌握峰道、刻度过程。

（5）仪器电路知识

【考试内容】

2228 岩性密度测井仪电子线路包括以下主要部分：

①I/O 板：M2 命令接收、M2 数据上传、M5 数据上传。

②长源距脉冲整形器。

③短源距放大器。

④极零消除调节以调整"SET"点的门槛电压，从而使鉴别器的输出脉冲宽度对应于 40keV 的脉冲宽度。

⑤脉冲幅度分析器。

⑥谱分析器。

⑦控制器 / 数据采集板。

⑧负责本仪器的所有 M2 通信。

⑨对来自地面的所有命令和数据字进行译码。

⑩为长源距高压电源提供控制信号。

⑪短源距脉冲的计数。

⑫采集模拟电压信号，如井径、保温瓶温度、+5V 电源。

2234XA 岩性密度测井仪探头部分电路主要包括：高压电路、前放电路、PHA 电路、极板电源电路。

【考试要求】

掌握密度电路组成。

（6）仪器放射性防护

【考试内容】

放射性防护三要素：距离、屏蔽、时间，强度与距离的平方成反比，与时间成正比。

【考试要求】

掌握放射性防护三要素。

（7）仪器能谱能级

【考试内容】

2228/2234 岩性密度测井仪在采集原始数据上 SFT1 表示 60～100keV 能量段的能谱计数；SFT2 表示 100～140keV 能量段的能谱计数；HAD1 表示 140～200keV 能量段的能谱计数；HAD2 表示 200～540keV 能量段的能谱计数。

【考试要求】

掌握刻度时不同能级的能量段。

（8）仪器保养

【考试内容】

2228 岩性密度测井仪在做完以下维保工作后需要对仪器进行主刻度：

①更换光电倍增管。

②更换晶体。

③更换高压管。

2228 岩性密度测井仪在准备高温高压井作业前，必须要做整体加温试验、全面保养准备工作。

【考试要求】

掌握密度保养过程、需要刻度的时间。

6.2446 补偿中子测井仪（5700）

（1）测井原理、放射性基础

【考试内容】

补偿中子测井是利用能量为 4.5～5.0MeV 同位素中子源向地层中发射快中子，快中子能量在地层中逐渐减弱，最后成为热中子。补偿中子测井能够测量地层孔隙度，也可以判断岩性，确定泥质含量。

补偿中子测井仪使用的源系列编号是 4717XS，源强是 18Ci（425MeV 中子数）。

【考试要求】

掌握中子测井原理、作用、使用的放射源。

（2）刻度概念

【考试内容】

补偿中子测井仪刻度是建立孔隙度和计数率比值关系。

死时间处理：放射性探测器本身固有的一个现象即死时间，死时间可以被简单地定义成在下一事件能够被探测到之前，必须流失的时间的量，在探头的死时间内发生的任何事件都会被漏掉。

2446CN 仪器的计数率是经过死时间校正的。现在用来校正死时间的数值是对于短源距为 20ms，对于长源距为 24ms。

【考试要求】

掌握中子计数率死时间校正。

（3）电路结构

【考试内容】

①中子脉冲处理板。

该板包括前置放大器、脉冲整形及鉴别器电路，对输入的脉冲进行模拟信号处理。长、短源距的处理电路相同。

电源部分采用了两个回路地，用 JUMPER 连接起来，将数字地（DGND）与高增益前置放大器中的模拟地（GND）分开，目的是为了避免噪声干扰。

②控制器板。

控制器板提供以下几个功能：

WTS M2 通信（与 I/O 板一道）。

电压信号的监控：监测保温瓶温度以及 24VDC 仪器工作电压。

频率计数器：长、短源距探测器脉冲计数。

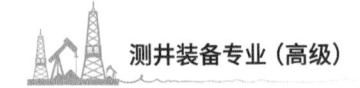

【考试要求】

掌握中子仪器电路组成及功能。

（4）探测器知识

【考试内容】

SS 探测器的几何尺寸为 1in×3in，充有 4 个大气压的氦气；LS 探测器的几何尺寸为 1.75in×8in，充有 6 个大气压的氦气。

补偿中子测井仪使用两个不同源距的 ^{3}He 管探测器，能够减少井眼、滤饼对测量的影响。

【考试要求】

掌握探测器组成、长短道 ^{3}He 管探测器区别。

三、特殊测井仪系列

（一）高温小井眼测井仪

1. 高温小井眼双侧向 HEDL 测井仪（LOGIQ）

（1）仪器工作频率、回路要求、刻度装置

【考试内容】

高温小井眼双侧向 HEDL 测井仪深侧向工作频率为 93.75Hz，浅侧向工作频率是深侧向的 8 倍，深侧向和浅侧向的测量回路都是地面 N 电极，深侧向屏流回路是电流回路 CR 短节，标准配置有 4 支硬电极。

高温小井眼双侧向 HEDL 测井仪刻度箱波段开关有 4 个挡位：LOW、MED、HIGH 和 GRAD。

【考试要求】

掌握仪器工作频率、回路要求、刻度装置。

（2）仪器技术指标

【考试内容】

阵列感应 HACRt、双侧向 HEDL、岩性密度 HSDL、阵列声波 HWST、遥传 H4TG、四臂井径 HHCS、方位连斜 HDIR 测井仪适用最高温度为 260℃，最大压力为 207MPa。

【考试要求】

熟悉仪器技术指标。

2. 高温小井眼阵列感应测井仪（LOGIQ）

【考试内容】

高温小井眼阵列感应 HACRt 测井仪发射线圈有 3 个工作频率（12kHz、36kHz、72kHz），6 个接收器线圈。仪器可以输出径向深度曲线 10in、20in、30in、60in、90in，纵向分辨率分别为 1ft、2ft 和 4ft，它还可以测量钻井液电阻率。

高温小井眼阵列感应 HACRt 测井仪使用的刻度电阻阻值为 0.417Ω。

高温小井眼阵列感应 HACRt 测井仪主刻度周期为 1 个月。

【考试要求】

掌握仪器总体描述、技术指标、结构及刻度要求。

3. 高温小井眼岩性密度测井仪（LOGIQ）

【考试内容】

高温小井眼岩性密度 HSDL 测井仪探头有极板推靠和在线式两种配置。

【考试要求】

掌握仪器探头配置。

4. 高温小井眼阵列声波测井仪（LOGIQ）

【考试内容】

高温小井眼阵列声波 HWST 测井仪属于多极子阵列声波测井仪，共有 32 个接收晶体。

【考试要求】

掌握仪器总体描述、技术指标、功能、应用。

5. 高温小井眼马笼头、遥传、井径、方位测井仪（LOGIQ）

（1）遥传 H4TG 测井仪主辅供电分析

LOGIQ 高温小井眼仪器总线使用的编码格式为曼彻斯特码，H4TG 主供电方式为 W2 模式。

（2）方位连斜 HDIR 测井仪技术指标、相对方位 RB 测量、刻度要求

【考试内容】

小井眼方位连斜 HDIR 测井仪适用的最高温度为 260℃，最大压力为 207MPa。方位连斜 HDIR 测井仪相对方位 RB 只与重力加速度计有关。

高温小井眼方位连斜 HDIR 测井仪刻度周期为 6 个月。

【考试要求】

熟悉高温小井眼方位连斜 HDIR 测井仪技术指标、相对方位 RB 测量、刻度要求。

（3）遥传 H4TG 测井仪技术指标

【考试内容】

高温小井眼遥传 H4TG 测井仪最高上传数据速率为 217.6kb/s。

【考试要求】

了解高温小井眼遥传 H4TG 测井仪技术指标。

（4）马笼头保养

【考试内容】

小井眼马笼头适用的最高温度为 260℃，最大压力为 172MPa。

【考试要求】

了解高温小井眼马笼头保养。

（5）四臂井径 HHCS 测井仪总体描述和技术指标

【考试内容】

高温小井眼四臂井径 HHCS 测井仪适用的最高温度为 260℃，最大压力为 207MPa。

【考试要求】

了解高温小井眼四臂井径 HHCS 测井仪总体描述和技术指标。

（二）存储式测井仪

1. FITS 过钻具存储式测井仪

（1）维保要求

【考试内容】

FITS 数据读取测试盒给仪器供电电压为 72VDC，主要用于测井作业完成后在地面进行井下存储数据的读取、在地面进行井下仪器的供电和数据采集、地面调试维修。

FITS 悬挂器若无法精确测量，则内卡和挂套使用作业的井次不大于 40。

FITS 二级维保和三级检修的启动条件包括使用达到 50 井次、已停用达 1 年、高温（超过仪器额定作业温度的 80%）作业 10 井次、硫化氢井作业中任一条件。

判断 FITS 双侧向电极系是否缺油应按压 A_1 电极内皮囊，如无弹性，表示缺油，需要补油。

FITS 下井仪器、悬挂器及辅助工器具每 20 口井或 1 年（先到原则）进行探伤。

FITS TFJ 柔性短节检查油面时，测量皮囊外表面到过滤外壳，距离 3.5～5.5mm 为适宜，大于 5.5mm 为亏油状态，小于 3.5mm 为过油状态。

FITS 用万用表检查 TBN 底鼻仪器通断时，上端 3 芯与 6 芯之间阻值为 120Ω。

【考试要求】

掌握系列仪器的维保要求。

（2）多模式工艺设计及应用、投棒的功能和作用

【考试内容】

FITS 过钻具存储式测井仪是能够通过钻具（钻杆、保护套、钻头等）水眼下入井底的小直径（57mm 系列）完井测井系列仪器，具有电缆测井和无缆存储测井 2 个模式，配套了电缆、水力泵送过钻杆（头）和回收式钻杆保护套工器具及相应的 3 种施工工艺，适用于不同井型、井况、井眼条件下的裸眼井测井资料采集及储层评价。目前 FITS 存储式测井的钻杆输送无电缆存储测井不能完成的测井项目为自然电位测井。

FITS 过钻具系统由地面系统、井下仪器、辅助短节、井下工具、刻度及计量器具和配套工具六部分组成。

FITS 面板处于整个地面系统与电缆、电源接口的最前端，负责 7 芯电缆、地面系统输入电源的安全通断控制，并采集自然电位信号、模拟 GR 信号。面板中的交换机将整个系统构成一个星形以太网结构，计算机可以通过以太网对所有设备进行通信。系统采用直流供电、遥传通信电缆复用模式。FITS 前面板遥传通信指示灯显示为 LINK 长亮、ERROR 不亮，说明遥传模块处于连接完成。

仪器准备时，检查仪器电池，无负载情况下电压不低于 65V；电池剩余使用时间应满足施工作业要求。FITS 机箱及 DC 电源通电检查时，连接井下遥传，检查测井软件上传速率达到 1000kB/s 左右，下发数据为 110kB/s 左右；ping IP 为 192.168.9.1，能够 ping 通。HPU 为地面箱体中深度电路板，FITS 深度文件中 LOHK 指的是钩载记录曲线。

【考试要求】

熟悉多模式工艺设计及应用、投棒的功能和作用。

（3）指标设计及应用

【考试内容】

FITS 无线通信捕捉仪由上吊挂短节和下吊挂短节构成，通过地面系统发送信号实现马笼头与测井仪器的分离与结合，完成测井仪器释放悬挂和抓取。在存储式测井中，内卡是过钻头井下钻具工具中水眼内径尺寸最小的部位，亦称仪器支撑体；挂套为仪器串中唯一超出仪器刚性外径尺寸的部位，落座于保护舱内卡悬挂仪器串的关键部件。

FITS过钻具存储式测井仪在下钻过程中，如果遇阻或者上提遇卡可以以小于10r/min的转速转动钻具以及上下缓慢活动钻具。

由于FITS仪器外径较小、强度较弱，要求搬运时应2人以上、轻拿轻放，不应在地面拖行；声波和阵列感应仪器等刚性强度弱的仪器应使用仪器保护筒进行装车运输；FITS测井配重作为水平井声波测井质量保证的关键短节，应与相应的扶正器配套使用。

FITS双侧向测井仪配套硬电极包括回流硬电极、自然电位硬电极和无环硬电极，在地面检查双侧向仪器时，需要在主电极上安装模拟测试装置。

FITS存储式补偿中子测井仪检查LSN和SSN在没有放射源的情况下数值基本很小。

FITS TLDT岩性密度测井仪点击开腿命令，检查仪器供电电流在100~110mA，推靠臂打开到最大时电流会瞬间到达350mA，马达停止运转后，电流降到正常，约为90mA。

专用钻头、支撑短节、旁通作为过钻具测井作业的基本配置，采用水力泵送过钻杆（头）测井作业方式时可选择配套对接保护短节。

【考试要求】

了解仪器指标设计及应用。

2. ThruBit测井仪器

（1）仪器关键部位、使用要求

【考试内容】

TBD仪器注油所用硅油型号为Capplella WF32。

TBSG仪器外壳外径小于2.09in时需更换外壳。

TBDS阵列声波仪器关键部位检查包括承重部位、外壳、连接部位、承压薄弱部位、密封部位等。仪器在不发射情况下，直流供电60V，正常电流130mA。保养后也需要给其注油。

TBIT阵列感应仪器关键部位检查包括密封部位、外壳、承重部位、连接部位、承压薄弱部位等。仪器在不发射情况下，直流供电60V，正常电流140mA。

TMG仪器的WCIB板的主要功能是仪器与系统间通信，TMG存储的数据可包含TBD、TBN、TBIT、TBSG仪器测量的数据，伽马测量范围是0~1000API，探测深度为12in，适用井眼范围为3~16in。当用TOOLBOX检查TMG时界面中TMG1对应的是显示WCIB板的状态，界面中TMG2对应的是显示存储模块的状态。

【考试要求】

掌握仪器关键部位、使用要求。

（2）释放器和泵送工艺要求

【考试内容】

TBDOT 释放器在空载情况下，释放器上端引脚 A 对 B 供直流电 60V，正常电流为 50mA。TBHD 悬挂器最小外径为 2.055in。

测井时依据钻井液性能，定时往钻具水眼内灌注钻井液。灌注钻井液时，需在钻具水眼内加装专用滤网。

【考试要求】

熟悉释放器和泵送工艺要求。

（3）仪器及维保

【考试内容】

TBSG 能谱仪器是双探头设计，探头 1 和探头 2 完全相同，仪器的探测深度为 12in。当仪器正常工作时电流为 50~70mA。TBSG 谱峰分为 256 道，刻度时 Th 峰的道数应为 400 道 ±10 道。仪器使用较长时间后，当高压超过 1700V 时需要更换探头，探头更换后需重新刻度方可使用，TBSG 能谱的两个刻度点到仪器最下端的距离分别为 38.7in 和 48.7in。

TBD 仪器的工作电压是 DC60V，工作电流 60~100mA。TBD 仪器测量的最大有效井眼为 16in，测量的井径范围为 5.41~45.72cm，开收腿靠液压推动完成。测井使用环境要求最大井压小于 15000psi、最高井温小于 150℃、井眼小于 16in。

TBDS 阵列声波仪器的外径为 54mm，存储容量是 16GB，接收晶体有 4 个 belt。

TBIT 阵列感应仪器的外径为 54mm，玻璃钢外壳安全极限外径是 2.055in，设计有 5 个接收线圈，测井前需要转动玻璃钢外壳，防止玻璃钢只在一面磨损而导致损坏灌浆。

【考试要求】

了解仪器及维保要求。

（三）地层元素测井仪

1. FEM6461 地层元素测井仪（CPLog）

【考试内容】

（1）总体描述

仪器工作时，BGO 探测器接收从地层来的伽马射线，将其转换成电流脉冲，经过前放电路转换成电压信号,信号处理系统主要包括模拟和数字两大部分以及外围电源电路。其中,模拟部分主要包括主放和脉冲成形电路;数字部分包括ADC、FPGA模块电路、主控制MCU模块、高压控制、增益控制等。

FEM6461地层元素测井仪主要由电子线路骨架组件、仪器外壳、金属保温瓶和中子源室组成。电子线路骨架组件包括探头、信号处理板、通信板、电源等,其中探头装在金属保温瓶内。仪器外壳上装有含硼屏蔽套,是一种提供屏蔽仪器周围热中子的部件,防止仪器核素与周围热中子反应放出的伽马射线影响仪器测量;屏蔽套置于承压外壳上,由屏蔽衬套、屏蔽层、屏蔽罩组成。

（2）光电一体化探测器

光电一体化探测器内部包含一体化封装好的BGO晶体和光电倍增管(PMT),晶体和光电倍增管之间用硅脂作耦合剂。放射性Am-Be中子源发出伽马射线到地层,在地层中经过多次碰撞后剩下低能量的伽马射线,其中一小部分射线被BGO晶体探测到,产生瞬间闪光,光密度和吸收的伽马射线能量有直接关系,光电倍增管将光脉冲转换成电流脉冲。

【考试要求】

掌握FEM6461地层元素测井仪组成部分和使用的晶体。

2. 1338FLEX地层元素测井仪（5700）

【考试内容】

1338FLEX地层元素测井仪采用的中子源是脉冲中子发生器,仪器在工作时,如果脉冲中子发生器加电顺序不对,可能损坏仪器,正确的顺序是先离子源供电,后逐渐提高靶压。

【考试要求】

掌握1338FLEX地层元素测井仪供电顺序。

3. ECS地层元素测井仪（斯伦贝谢）

（1）探测器冷却要求、放射性源防护和常规保养

【考试内容】

ECS仪器中高分辨率BGO晶体探测器的工作温度不能超过60℃,所以ECS仪器下井前需要冷却。冷却时,如果在20~30min后温度没有稳定在-20℃,再次注入CO_2持续1~2min,同时不断监测注入过程中的温度,等待20~30min,以验证温度是否稳定在-20℃。重复此步骤,直到仪器温度稳定在-20℃,推荐最低冷却温度为-28℃。

根据作业井深和工作时间预设ECS探头降温温度,采用逐步降温的方式对仪器

降温，最低温度不得低于 -28℃。用 CO_2 进行冷却时，首先要清除仪器半径 4m 范围内的所有非必需人员。

需要分段作业完成测井任务的，作业前应向现场相关方详细介绍仪器性能指标以及需分段测井的理由，求得相关方的理解和支持。

ECS 仪器通电检查时，要注意观察 ECS 能谱谱线、本底计数率、内部温度等参数。

ECS-A 仪器自身带有（0.2μCi）活性的 ^{137}Cs 稳谱源用放射源，在测井中使用 NSR-F592GBq（16Ci）^{241}Am-Be 中子源，有辐射危害。

ECS 地层元素测井仪对人员存在触电危害、辐射危害、仪器掉落伤害、液态 CO_2 高压气体危害等风险。

ECS 是偏心仪器，测井时仪器必须加装偏心器以达到偏心的目的。

【考试要求】

熟悉仪器探测器冷却要求、放射性源防护和常规保养。

（2）高温井作业条件、技术指标和常规检查

【考试内容】

ECS 仪器由 Am-Be 中子源、BGO 晶体探测器、光电倍增管和高压放大电子线路构成，在裸眼井、套管井中都可使用。

①高温井作业条件。

ECS 探头测井允许最高温度为 60℃，测井时探头温度达到 60℃时应终止测井作业，断电起出井口，对仪器冷却降温后再次入井测井作业；在探头温度高于 60℃情况下严禁给仪器通电，应先用探头温度测试盒测试探头温度，确认探头已降温至 60℃以下，然后进行通电操作，确保仪器的使用安全。

②技术指标：最大井眼是 20in；最小井眼是 6.25in；额定温度是 350℉；最大测井速度是 9m/min。

③常规检查。

ECS 电子线路仪器每次测井完后清洁保养包括：上护帽下堵头及连接处、上母插孔下公插针、仪器外壳等。

ECS 探头仪器每次测井完后机械部分清洁保养包括：上护帽下堵头及连接处、源仓、仪器外壳、上母插孔下公插针等。

ECS 仪器每次测井完后都必须做一级保养。一级保养包含：机械部分清洁保养、电气部分通断绝缘检查、抽芯检查、通电检查等。

【考试要求】

了解仪器高温井作业条件、技术指标和常规检查。

四、套管井测井仪系列

（一）注产剖面测井

1. 七参数测井仪

【考试内容】

（1）仪器结构

七参数测井仪由多路传输短节、数字磁定位仪、自然伽马仪、压力仪、井温仪、持水率仪、液体密度仪、流量仪等组成。油气水三相流标定装置组成主要包括油水源及稳压系统、油气水计量调节系统、气体压力源系统、模拟井筒及倾斜控制系统、油气水分离系统及自动控制系统。

（2）电路组成

自然伽马仪的记录点位于碘化钠（NaI）晶体的中点，光电倍增管（PMT）的工作电压设置在坪区中点。信号电路板中驱动器的作用是信号功率放大，鉴别电路门槛的作用是抑制干扰信号。井温仪温度传感器探头（PT1000）相当于一个热敏电阻。

（3）仪器刻度

七参数测井仪刻度一般采用一点刻度、两点刻度、多点刻度，其主要目的有以下四点：建立高精度测量地层储集参数的基础；检验下井仪器工作状态是否正常；检查下井仪器的线性、一致性和稳定性；对测井仪器计量使仪器标准化。

自然伽马仪、压力仪、井温仪必须定期刻度，液体密度仪需要测前刻度。自然伽马仪一级刻度是在统一标准模型刻度井中进行的刻度，在高放射性地层和低放射性地层中测得的读数差值为207.45API单位作为标准刻度，API单位是在美国休斯敦大学建造的API标准刻度井中确定的。七参数测井仪电路及探头部分大修后，必须重新刻度，确保测井质量。七参数测井仪中的持水率仪、液体密度仪、流量仪可以在油气水三相流标定装置中进行标定。

（4）仪器维保

机械维保时需要确保涡轮流量计的涡轮磁钢、涡轮轴、涡轮支架干净，涡轮固定螺钉调整适度，能够使涡轮灵活转动。通电检查时超声波流量计在空气中没有基值，在水中有值；电磁流量计在空气中有基值。测井仪器的三性包括稳定性、重复性和一致性。仪器维修过程中凡有工艺、材料、结构发生重大改变时，都应进行型式试验。

（5）工作原理

持水率仪测量井眼流体的持水率采用的是电容法原理，仪器探头相当于一个电容。自然伽马射线由地层中某些元素发射出来，地层中的自然伽马射线主要来自钍族、钾族和铀族的放射性元素。在多相流中不同流体具有不同的特性，轻质相沿着管子向上流动的速度通常比重质相快；油井正常生产时所测得的油层中部压力是流压；套管井中的原油冷却到失去流动性时的温度称为凝点。

（6）仪器应用

涡轮流量计分别采用上提、下放方式以4种不同的电缆速度测出不同的涡轮转数，通过计算得到流体流速。电容式持水率仪在井内低含水的情况下有良好的应用，在井内高含水的情况下无法精确响应。自然伽马测井仪的主要用途包括深度校正、划分地质剖面、判断岩性和确定泥质含量等。

（7）仪器技术指标

常见的小直径生产测井组合仪包括 $\phi21$、$\phi38$ 等几个系列。生产测井下井仪单芯传输方式的遥传系统总线传输协议主要有 AMI、曼彻斯特码、脉冲码 100KB/s 等，七参数测井仪采用曼彻斯特码传输方式。生产测井仪器组合测量时，采用最低测速仪器的测速。井下仪器零长和测井曲线的深度有关。

【考试要求】

掌握仪器结构、电路组成、仪器刻度及维保。

熟悉仪器工作原理及应用。

了解仪器技术指标。

2. 环空测井仪

【考试内容】

（1）仪器结构

环空测井仪由多路传输短节、数字磁定位仪、自然伽马仪、井温压力组合仪、持水流量组合仪、液体密度仪等组成。自然伽马仪主要由高压电源、低压电源、闪烁探测器（光电倍增管和碘化钠晶体）、信号处理电路（放大器、鉴别器、分频器、驱动器）、通信接口电路等构成。

（2）电路组成

环空测井仪的电路和七参数测井仪的电路类似。多路传输短节电路主要包括信号通信电路（与地面系统之间）和信号接口电路（与井下仪器之间），数字磁定位仪主要包括信号接口电路（与多路传输之间）和磁定位信号采集电路，自然伽马仪包括信号接口电路和伽马信号采集电路，井温压力组合仪包括信号接口电路和井温压力信号采集电路，持水流量组合仪包括信号接口电路和持水流量信号采集电路，液体密度仪包括信号接口电路和密度信号采集电路。

（3）仪器刻度

环空测井仪的刻度和七参数测井仪的刻度类似，刻度一般采用一点刻度、两点刻度、多点刻度。环空测井仪中的自然伽马仪、井温压力组合仪必须定期刻度，液体密度仪需要测前刻度。环空测井仪的电路及探头部分大修后，必须重新刻度，确保测井质量。环空测井仪中的持水率流量组合仪、液体密度仪可以在油气水三相流标定装置中进行标定。

（4）工作原理

环空测井时安装一个偏心井口，将油管偏靠在套管一侧，从新月形环形空间将电缆和环空测井仪下入井中，直至生产层段，在油井不停产的情况下，取得磁定位、自然伽马、井温、压力、持水、流量、密度等生产井的动态参数。环空测井仪在下井过程中，当仪器进入动液面时含水率会发生变化，含水率是单位时间内通过管柱某一截面水流相体积和全体流相体积之比。

（5）仪器应用

生产测井是指在油田开发过程中，为了及时了解各油井、各油层产能及含油水情况和注水井分层吸水情况而进行的测井。生产测井中抽油机井动态测试的最好方法是进行环空测井，环空测井仪一次下井可以取得磁定位、自然伽马、井温、压力、持水、流量、密度等7个动态参数。

环空测井仪中的持水流量组合仪是集流型仪器，测取分层流量和持水率参数时，一般采取点测的方法。集流型仪器在抽油机井测试时流量曲线是随抽油机冲程变化的振荡曲线。锡-铟发生器产生的放射性示剂不能直接用于吸水剖面测井，因为液体放射性示剂无法吸附到吸水层表面。生产井井温测试资料的主要用途包括确定井温梯度、定性判断油层出液情况、定性判断压裂效果、找漏和探砂面等。

【考试要求】

掌握仪器结构、电路组成、仪器刻度。

熟悉仪器工作原理及应用。

3. 注水测控测井仪

【考试内容】

（1）工作原理

生产测井是测量生产井和注入井的流体流动剖面，测量参数包括磁定位、自然伽马、流量、密度、持水率、温度、压力等，来了解各射孔层段产出或吸入流体的性质和流量，以便对油井产状和油层开采特征做出评价，为油气田储层评价、开发方案的编制和调整、井下技术状况的检测、作业措施实施和效果评价提供依据。

（2）仪器应用

我国油田大都采用分层注水方式保持油层压力，因此除了钻采油井之外，还要钻一批注水井。为了及时了解注水井或生产井各层油气水的动态，应及时掌握各层的注入量以及生产井的油气水产量，前者称为注水剖面，后者称为产出剖面。

注水剖面放射性同位素示踪测井就是在同位素示踪剂注入前后，分别进行自然伽马测井，在注同位素后自然伽马曲线所增加的异常值就反映了对应层位的吸水能力，并依此可计算出相对和绝对吸水量。在同位素示踪产液剖面测井中，根据产液量大小，可选用等待法和追踪法测量。检查压裂效果常用的测井方法是井温测井。生产测井吸水剖面测井速度要求为不高于800m/h，吸水剖面测井仪所录取的资料主要用于计算地层吸水量。

注水测控测井仪可以实现边测边调，就是一边测量流量一边调整注入流量。注水的3种配水方式包括偏心配水、空心配水、笼统配水；精细注水封隔器一般是打压坐封的；水嘴投送工具可实现偏心水嘴的投捞工作。

【考试要求】

熟悉仪器工作原理及应用。

（二）储层评价测井

1. SWFL中子氧活化水流测井仪

【考试内容】

（1）仪器结构

SWFL中子氧活化水流测井仪由遥传短节、上采集短节、中子发生器短节、下采集短节、加长采集短节5个短节构成。各短节间以单芯连接，单芯上传输高速通信信号和直流电压。

遥传短节位于仪器串的最上端，含有井温、压力、节箍和自然伽马测量功能，其中自然伽马探头兼作为上水流第四探头。上采集短节位于遥传短节下端，含有3个伽马探头，上面的一个作为上水流第三探头，下面的两个作为上水流第二和第一探头，同时也是中子寿命的远近探头。中子发生器短节位于上采集短节下端，和上采集短节以10芯插头连接。下采集短节位于中子发生器短节下端，含有3个伽马探头，和中子发生器短节以单芯连接。加长采集短节位于下采集短节下端，含有2个伽马探头，和下采集短节以单芯连接。

（2）电路组成

遥传短节包括井温、压力、节箍和自然伽马等4参数的采集电路，与地面通信电路，与其他短节通信电路。上采集短节包括与遥测短节的通信电路，3个伽马探头的测量电路，中子管阳极控制、靶压控制、灯丝控制电路。中子发生器短节包括中子管靶压的倍加电路。下采集短节包括与遥测短节的通信电路以及3个伽马探头的测量电路。加长采集短节包括与遥测短节的通信电路以及2个伽马探头的测量电路。

（3）工作原理

中子寿命测井是利用中子与物质的俘获反应，通过测量热中子在地层中的平均衰减时间，即热中子平均寿命，进而求得地层的热中子宏观俘获截面等多个地层参数的脉冲中子测井。

中子氧活化测井利用快中子对周围介质的活化反应，通过脉冲中子活化氧原子，使活化的氧原子产生特征伽马射线，中子氧活化测井属于非接触式流量测量方法。

（4）仪器应用

SWFL中子氧活化水流测井仪具有中子寿命和氧活化水流2种测井模式。在氧活化水流测井模式下，可以点测测量流体速度，一个测量点同时可得到4个探测器的上水流时间谱和5个探测器的下水流时间谱，即一次测量可同时得到上、下水流方向9个时间谱。在中子寿命测井模式下，含水层的吸收总截面明显大于含油层截面，该测井模式适用于高矿化度地层水地质条件下区分油水层、划分油水界面、测取剩余油饱和度，依据记录的Σ曲线可以直观定性划分油、气、水层，并计算出含水饱和度。

SWFL中子氧活化水流测井仪利用中子寿命测井模式的"测—注—测"测井方法，可以求取含油饱和度；利用中子寿命测井模式的"注—测—注—测"测井方法，可以确定残余油饱和度。

（5）仪器技术指标

SWFL中子氧活化水流测井仪中子发生器中子产额$\geq 1.5 \times 10^8$n/s；一次测量上下水流时间谱9个；谱周期4种（10s、20s、40s、60s）；中子脉冲占空比4种（10%、20%、25%、30%）；活化时间8种（0.8s、1s、1.6s、2s、4s、6s、8s、10s）。

【考试要求】

掌握仪器结构、电路组成。

熟悉仪器工作原理及应用。

了解仪器技术指标。

2. TCFR 过套管电阻率测井仪

【考试内容】

（1）仪器结构

TCFR6561 过套管电阻率测井仪主要由前置放大短节、电子线路短节、电极系、液压控制器、大功率发射单元以及遥传短节等组成。其中电极系包括 1 个顶部电极、1 个底部电极和 4 个测量电极。该仪器采用了硬质合金伸缩缸电极，因此套管直径适应范围更宽；可与自然伽马和套管接箍测井仪组合，便于深度校正。仪器使用 7 芯电缆，大功率发射是通过缆芯 2、6、3、5 并联提供下井电流的，当电缆长度为 6000m 时，发射负载在 45Ω 左右。

（2）电路组成

TCFR6561 过套管电阻率测井仪的数据采集由一个主 DSP、两个协 DSP 组成采集电路，协 DSP1 完成对发射电流信号和参考电压信号的测量，协 DSP2 放大来自测量电极上的电压信号，经过 24 位的 A/D 转换，通过 CAN 总线送至主 DSP 进行处理。该仪器的信号传输采用 DTB 三总线结构，三总线信号为 DSIG、UDATA/GO 和 UCLK。

（3）仪器刻度

TCFR6561 过套管电阻率测井仪采用现场测井刻度方法，通常选择稳定的泥岩层为刻度层段，用裸眼井 GR 和 CCL 曲线校深，对比裸眼井同深度的电阻率数值，确定工程转换刻度系数 K。一般采用与裸眼井泥岩段中感应电阻率曲线值对比求取刻度系数 K 值。

（4）仪器维保

TCFR6561 过套管电阻率测井仪数据通信异常时，需要重点检查 DTB 接口通信电路、前放采集 CAN 接口通信电路以及 VI 采集 CAN 接口通信电路等来快速排除故障。仪器维保检查时，室内模拟盒检测线性的最大误差为 ±7%。

（5）工作原理

TCFR6561 过套管电阻率测井仪原理上属于侧向类仪器，通过发射电极上下交替发射大功率的低频脉动电流，仪器测量电路测量电极系上的漏电流，通过计算确定套后地层的电阻率。

（6）仪器应用

TCFR6561 过套管电阻率测井仪是一种测量套后地层电阻率的套管井测井仪器。在开发测井中可用于测量储层电阻率、确定含油饱和度、监测油气藏动态分布、定性识别及定量解释水淹层。利用过套管电阻率测井仪器的深探测特性，结合其他测井资料进行地层对比，可以提高油田采收率，延长油田开采寿命。该仪器对井眼流体不敏感，电极系采用硬连接结构，可靠性高，液压电极推靠力大，因此测井前不需洗井和刮蜡。

（7）仪器技术指标

传输系统：CTS。

电阻率测量范围：1～100Ω·m。

电阻率测量误差：±7%。

稳定性：±10%。

纵向分辨率：1.1m。

径向探测深度：2～10m。

最大发射电流：9A。

二阶电位差信号量级：纳伏级。

【考试要求】

掌握仪器结构、电路组成、刻度及维保。

熟悉仪器工作原理及应用。

了解仪器技术指标。

3. 宽能域测井仪

【考试内容】

（1）仪器结构

俄罗斯宽能域中子伽马能谱测井技术由宽能域中子－伽马能谱测井仪与氯能谱测井仪组成。宽能域中子－伽马能谱测井仪有长距和短距两个中子－伽马能谱探头，同时还有自然伽马能谱探头以及井温探头。宽能域中子－伽马能谱测井仪短源距为20cm，长源距为60cm。氯能谱测井仪有长距和短距两个中子－中子探头，氯能谱测井仪短源距为20cm，长源距为50cm。

（2）电路组成

宽能域中子－伽马能谱测井仪的长距中子－伽马能谱探头采用256道能谱进行分析，能谱分析范围为0.03～3MeV，道宽为2.4keV；短距中子－伽马能谱探头采用256道能谱进行分析，能谱分析范围为3～8MeV，道宽为32keV。

宽能域中子－伽马能谱测井仪记录岩层自然伽马射线谱能量范围为0.1～3MeV，记录俘获伽马射线谱能量范围为0.1～8MeV。

（3）工作原理

俄罗斯宽能域中子伽马能谱测井技术由宽能域中子－伽马能谱测井仪与氯能谱

测井仪组成，是在套管中全面探测地层岩性、地层密度、孔隙度、泥质含量、饱和度等地层参数的综合测井仪。宽能域中子–伽马能谱测井仪的中子源发射快中子，快中子在地层中散射并被俘获释放出次生伽马射线，氯能谱测井仪主要记录氯能谱。

（4）仪器应用

宽能域中子–伽马能谱测井仪用于地层元素的分析以及地层密度的计算，氯能谱测井仪通过氯函数和孔隙度交汇来计算地层含油饱和度。俄罗斯宽能域中子伽马能谱系列测井仪还可以与过套管电阻率测井仪构成一个完整的套后参数测井系列，解决剩余油饱和度计算问题。

（5）仪器技术指标

仪器外径：48mm 或 90mm。

最大工作压力：80MPa。

最高工作温度：120℃。

记录自然伽马射线谱能量范围：0.1 ~ 3MeV。

记录俘获伽马射线谱能量范围：0.1 ~ 8MeV。

【考试要求】

掌握仪器结构、电路组成。

熟悉仪器工作原理、应用。

了解仪器技术指标。

4. 碳氧比能谱测井仪

【考试内容】

（1）仪器结构

碳氧比能谱测井仪（RMT）一般可分为可控中子源、辐射探测系统和信号传输系统3部分。碳氧比能谱测井仪的能谱测量系统有1个中子发生器和2个探头，2个探测器长度为11.5in 和 20.5in，其探测深度为24in，2个能谱探测器都使用了锗酸铋（BGO）晶体。

（2）电路组成

碳氧比能谱测井仪包括地面系统和井下仪器两部分，其中井下仪器包括遥传短节、电源短节和采集发射短节。电源短节与采集发射短节之间用24针连接。仪器总线采用 μLAN，仪器供电为200VDC，遥传短节电流为30mA，电源短节 + 采集发射短节电流为 150 ~ 180mA。

中子发生器工作参数：靶压 40 ~ 110V，灯丝电流 450 ~ 650mA，阳极脉冲电压 1800V，离子源电流 80μA。在碳氧比模式下中子发生器工作频率为10kHz，中子发射时间为30s。在俘获模式下中子发生器工作频率为800Hz，中子发射时间为80s。离子源高压输出板振荡器工作频率为200kHz，高压输出为1800～2000V。

（3）仪器刻度

仪器每3个月必须在专用水罐中进行刻度。碳氧比能谱测井仪刻度时，俘获谱中氢光电峰的能量为2.223MeV。碳氧比能谱测井仪能谱稳谱H峰和Fe峰在50道和200道。碳氧比能谱测井仪在水罐中刻度值应为1.38±0.01，在油罐内刻度值应为1.56±0.01。

（4）仪器维保

碳氧比能谱测井仪工作时发现离子源高压无输出，可能原因为无200V输入、无±15V和+5V、振荡器不工作，需要检查对应的电路。

（5）工作原理

碳氧比能谱测井的物理基础是快中子与地层中的原子核发生非弹性散射反应，非弹性散射反应主要发生在中子产生后10μs时间内。原子核俘获一个热中子从而发生俘获反应，主要发生在中子产生后10^{-6}～10^{-3}s时间内。中子通过核反应使某些稳定的元素变成放射性核素，中子活化反应主要发生在中子产生后1ms时间以后。根据能量的不同，中子可分为快中子、中能中子和慢中子。

碳氧比能谱测井是对伽马能谱的测量，能谱是指伽马射线强度对伽马射线能量道的作图，能量道反映的是地层元素伽马能量的发射。利用在中子发射时期和中子发射间隙期分别测量能谱的技术，可以评估储层中碳、氧、硅、钙等元素的含量。碳氧比能谱测井仪在测量过程中，中子脉冲与地层碰撞后，释放出的氧原子的能量为6.13MeV，释放出的碳原子的能量为4.43MeV，释放出的硅原子的能量为1.78MeV，释放出的钙原子的能量为2.96MeV；碳氧比能谱测井仪C/O计算公式为（C总谱-Si俘获谱）/（O总谱-Ca俘获谱）。

（6）仪器应用

碳氧比能谱测井是一种脉冲中子测井方法，受地层水矿化度影响小，可在套管井中完成含油饱和度测量。碳氧化能谱测井仪是一种次生伽马射线能谱测井仪器，有非弹性（碳氧比）和俘获两种工作模式。

（7）仪器技术指标

碳氧比能谱测井仪在165℃井况条件下，可连续工作6个小时，测量地层的最小孔隙度为10p.u.。

【考试要求】

掌握仪器结构、电路组成、刻度及维保。

熟悉仪器工作原理、应用。

了解仪器技术指标。

(三) 工程测井

1. 声波变密度测井仪

【考试内容】

(1) 仪器结构

声波变密度测井仪由声波变密度电子线路短节、声波变密度声系组成。其中声系由 1 个发射换能器和 2 个接收换能器组成。

(2) 电路组成

声波变密度测井仪电路由采集控制板、发射控制板、高温测井电源及扼流圈等组成。

(3) 仪器刻度

声波变密度测井仪在自由套管内进行刻度时，面板软件控制窗口增益每减小一挡，其幅度变化为前一挡的 40%。

(4) 工作原理

声波变密度测井（VDL）是研究套管固井质量的测井方法，是通过胶结套管的声学特性来测量固井后水泥与套管之间（第一界面）的胶结质量和水泥与地层之间（第二界面）的胶结质量。

声波从发射探头到达接收探头有四种传播途径：沿套管，沿水泥环，通过地层，通过钻井液。

由于传播路径不同，其到达接收探头的时间也不同。在源距合适的情况下，最先到达接收探头的初至波是沿套管传播的首波，而后到达的是沿水泥环、地层及通过钻井液传播的直达波。声波变密度测井时需要居中测量来减少对测井质量的影响，记录波列中的前三个波相与套管波有关、第四至六波相与地层有关。通过记录声波幅度来评价水泥胶结质量，其中 CBL（声幅测井）记录首波幅度，VDL 则记录全波列的幅度。

(5) 仪器应用

声波变密度测井仪可以经电缆马笼头与张力井温钻井液电阻率短节、遥传伽马短节、接箍磁定位测井仪、中子伽马测井仪等组合测井。声波变密度测井仪的主要用途为：CBL 测量第一界面固井质量，VDL 测量第二界面固井质量。自由套管、套管外无水泥和第一、第二界面均未胶结的情况下，声波变密度测井的声能很少耦合到地层，套管波能量很强。因此在声波变密度测井中，若显示套管波信号很强，而地层波信号很弱，可以定性确定第一界面胶结程度为差。固井前后井筒内温度及压力的变化可能会造成套管与水泥间形成一个极小的 0.1mm 左右的环形空间，这个环形空间会导致声幅值升高。

（6）仪器技术指标

CBL 测量范围 0～100%，测量误差 ±5%，纵向分辨率约 609mm，源距 914mm。

VDL 测量范围 0～4000s，测量误差 ±5%，纵向分辨率约 914mm，源距 1524mm。

【考试要求】

掌握仪器结构、电路组成及刻度。

熟悉仪器工作原理、应用。

了解仪器技术指标。

2. AMK2000 固井质量检测组合仪

【考试内容】

（1）仪器结构

AMK2000 固井质量检测组合仪主要包括 MAK9 声波测井仪、SGDT100M 伽马—伽马测井仪和 GKL 伽马磁定位短节。

SGDT100M 伽马—伽马测井仪由 10 个探测器组成，包括 8 个长源距探测器、1 个短源距探测器以及 1 个自然伽马探测器，测量沿井周 8 个方向的水泥密度和套管厚度以及自然伽马测井曲线，可形成 10 条伽马曲线。这 10 个探测器全部由光电倍增管和碘化钠晶体组成，其中 8 个长源距探测器在井眼平面上以每个扇区 45° 排列，探测 8 个方向上的散射伽马射线的强度，通过解释可以获得套管外物质密度的信息。

（2）电路组成

AMK2000 固井质量检测组合仪地面系统主要由电源模块、继电器组件、信号预处理模块、数字信号处理模块四部分组成。使用曼彻斯特-II 码与地面测井系统进行数字信号通信，其中井下仪器的声波模拟信号和曼彻斯特码数字信号都使用一对缆芯分时传输，通过地面系统分时解码并进行分别处理。MAK9 声波测井仪电路部分主要由电源电路、发射电路、接收电路三部分组成。

（3）仪器维保

MAK9 声波测井仪维保时应检查声系内部的充油状况，确保声系内部硅油干净、无气泡。SGDT100M 伽马—伽马测井仪在测井及维保时，必须避免碰撞，防止探测器中光电倍增管和碘化钠晶体的损坏。

（4）工作原理

MAK9声波测井仪采用单发双收的模式，采用计算首波衰减幅度的方式定量计算固井质量，改变了传统仪器定性分析方法。SGDT100M伽马—伽马测井仪由10个探头组成，可以测量沿井周8个方向的水泥密度和套管厚度及自然伽马测井曲线，其中1个短源距探测器记录的散射伽马射线强度主要与套管壁厚度相关，8个长源距探测器记录的散射伽马射线强度主要与井周水泥密度相关。

（5）仪器应用

AMK2000固井质量检测组合仪用声波测井和伽马测井两种方法监测井筒技术状况和水泥胶结质量。其中SGDT100M伽马—伽马测井仪的长短源距伽马探测器测量套管外部空间的物质密度和套管壁的厚度，自然伽马探测器测量自然伽马射线的强度，用来划分地层确定深度。MAK9声波测井仪采用单发双收的模式，采用计算首波衰减幅度的方式定量计算固井质量。通过两种仪器的组合测井综合解释评价固井质量。

（6）仪器技术指标

测量套管壁厚为5～12mm，测量壁厚误差为±0.5mm。

【考试要求】

掌握仪器结构、电路组成及维保。

熟悉仪器工作原理、应用。

了解仪器技术指标。

3. MID-K电磁探伤成像测井仪

【考试内容】

（1）仪器结构

MID-K电磁探伤成像测井仪主要由上部扶正器、磁保护套、电子模块、横向探头、纵向探头、伽马探头、温度传感器、下部扶正器等构成。MID-K有3个接收探头，其中1个纵向探头、2个横向探头，纵向探头比横向探头测量范围大。MID-K自然伽马测井探测器主要包括光电倍增管和NaI（Tl）晶体。MID-K具有外置温度传感器，用于检测管柱环境温度。

MID-K探伤仪组件主要包括转换接头、线圈系、底架、集电部件、外壳、温度传感器六部分。MID-K自然伽马组件主要包括保护罩、保护外壳、接触部件、底架、带扶正器的电缆头、转换接头、线圈系装置七部分。

MID-S电磁探伤成像测井仪是MID-K电磁探伤成像测井仪升级产品，具备更加准确的探测性能。MID-S线圈系部分包括1个纵向长探头、1个纵向短探头和6

个扫描横向探头，MID-S 具有外置温度传感器，用于检测管柱环境温度；具有内置温度传感器，用于测量电子部件的温度。

（2）电路组成

MID-K 电磁探伤成像测井仪井下仪器电路主要由 MID_PAU2 板和 MID_KON2 板构成。其中 MID-K 井下仪器电路 MID_PAU2 板功能是井下仪内部供电和井下信号发送。MID-K 井下仪器电路 MID_KON2 板功能是井下通信控制、信号采集放大。

MID-K 电磁探伤成像测井仪采用曼彻斯特码与地面测井系统进行通信。地面面板电路主要由 PULT_MID 板和 NAY5_2 板构成。其中 MID-K 地面面板电路 PULT_MID 板功能是对变压器输出电压进行整流、滤波，给井下仪器和地面 NAY5_2 板供电。MID-K 地面面板电路 NAY5_2 板功能是信号采集控制、与计算机和井下仪通信。

（3）仪器维保

常见故障排除：

①通电后，下井仪数据没有上传。故障原因可能为连接极性不正确或通信线路故障，需要对应检查相关电路。

②所有信道传输零数据或随机恒定数据。故障原因可能为模数转换器故障或通信控制器故障，需要对应检查相关电路。

③外置温度传感器进行维保检测时，测量电阻值应为 220Ω。

④自然伽马测井道传输数据为零。故障原因可能为光电倍增管损坏、伽马探测器损坏或高压变换器损坏，需要对应检查相关电路。

（4）工作原理

MID-K 电磁探伤成像测井仪工作时，仪器给探测器的发射线圈供电，从而在周围管柱中产生涡流电流，通过记录纵向探头和横向探头的涡流衰减曲线来研究套管和油管的损伤情况。仪器具备外置温度探头可测量周围介质温度，具备内置温度探头可测量电子部件温度。仪器可测量自然伽马射线的强度，用于相对地层校深。

（5）仪器应用

MID-K 电磁探伤成像测井仪应用单芯电缆可以对单层或多层管柱进行电磁探伤测井。MID-K 测井时需要居中测量，可以获取包括纵向探头感应电动势衰减曲线、横向探头感应电动势衰减曲线、自然伽马曲线、井温曲线以及电流、测速等 275 条曲线。其中纵向探头主要用于探测多层管柱的结构、确定第 1 层和第 2 层管柱的厚度、探测横向损伤、探测纵向裂缝及套管断裂，纵向探头比横向探头测量范围大。

（6）仪器技术指标

仪器外径：42mm。

井眼直径测量范围：63 ~ 324mm（套管外径不大于324mm，油管内径不小于52mm）。

探测单层管柱的最大壁厚：16mm。

单层管柱测量误差：0.5mm。

探测双层管柱的最大总壁厚：25mm。

双层管柱测量误差：1.5mm。

最佳测速：300m/h。

【考试要求】

（1）掌握仪器结构、电路组成及维保。

（2）熟悉仪器工作原理、应用。

（3）了解仪器技术指标。

（四）SONDEX 系列测井

1. PLT 常规生产测井仪

【考试内容】

（1）仪器结构

PLT 常规生产测井仪由遥测短节、压力磁定位短节、自然伽马短节、惯性液体密度短节、放射性流体密度短节、持水井温流量短节、在线流量计、连续涡轮流量计、六臂全井眼流量计、缆头张力短节、X-Y 双井径仪以及柔性短节、旋转短节、加重短节、终端器等多种辅助短节组成。其中压力磁定位短节探头部分由磁定位探测线圈及磁钢、石英压力晶体和石英温度晶体组成；惯性液体密度短节和放射性流体密度短节采用两种方法测量密度参数；旋转短节作用是防止仪器在井下自旋脱扣，确保测井作业安全；X-Y 双井径仪每组测量臂中包括 1 个激励线圈和 1 个测量线圈。

（2）电路组成

遥测短节 XTU 的 UTWIRE 通信接口负责遥传与所挂仪器之间的通信，电源转换主要由 PSU 模块完成，电缆总线和仪器总线都是双向通信模式，Ultralink 和 Ultrawire 总线均采用 AMI 码。

压力磁定位短节 QPC 的电路及探头结构中，磁定位信号处理板、压力探头总成和 Ultrawire 通信接口板共用 12V 电源。在线流量计 ILS 流量探头的涡轮每转动 1 圈，每个霍尔效应开关产生 2 个脉冲。自然伽马短节 PGR 探头高压电路产生的高压值为 1.6kV。

惯性液体密度短节 FDI 主要测量的音叉传感器的 3 个参数分别为 FDIF（音叉振动频率）、FDIB（音叉振动振幅）和 FDIT（音叉温度补偿）。当持水井温流量短节 CTF 的流量探头 N 极靠近霍尔开关时，会产生一个 0V 电平。调整持水温度流量短节 CTF 的持水率探头响应时，一般将电路振荡频率响应调节为水 50kHz，空气 60kHz。

（3）仪器刻度

放射性流体密度短节 FDR020 必须在空气、柴油、清水、盐水中进行刻度，仪器垂直进入刻度液面，液面高度最低为 30cm（12in）。

惯性液体密度短节 FDI001 刻度时需要进行高刻及低刻。在空气中进行的刻度为低刻，此时刻度点的密度值为 0.0g/cm^3；在清水中进行的刻度为高刻，此时刻度点的密度值为 1.0g/cm^3。

持水井温流量短节 CTF004 中的温度探头和压力磁定位短节 QPC003 的压力探头必须每 6 个月进行刻度，确保仪器测量准确度。

（4）仪器维保

自然伽马短节 PGR 使用的晶体掺有剧毒化学元素铊，废旧晶体需要妥善保管。为了保证自然伽马短节 PGR 记录点的准确性，必须将晶体外罩底端面与隔离体底端面的距离调整为 57mm±1mm。仪器串底端需要安装终端器 BULL，确保仪器总线 Ultrawire 通信良好。

（5）工作原理

惯性液体密度短节 FDI 音叉传感器的响应频率及幅度与被测流体密度成反比。持水井温流量短节 CTF 的持水探头采用了电容式测量原理。缆头张力短节 HTU009 张力传感器应用了电阻应变式测量原理。

（6）仪器应用

PLT 常规生产测井仪主要应用于生产井产出剖面测量，能测量磁定位、压力、温度、自然伽马、持水率、持气率、流量、密度 8 个地层参数，并可以根据井况提供多种方式的密度及流量参数的测量。PLT 还可以与 MAPS 成像仪器组合完成水平井的动态测井；其中持气率仪 GHT 可用于产气剖面测井；六臂全井眼流量计 CFBM31/32 由于尺寸原因不能在油管中进行作业；噪声测井仪能够测出未射孔套管外流体的动态情况。

柔性短节 PKJ 提供的最大摆角为 ±10°，可以应用于大斜度和水平井测井。PLT 进行水平井测井时，需要安装 PSJ 和 PKJ 短节，提高仪器通过性，防止井下遇卡以及防止仪器旋转退扣造成仪器落井。

（7）仪器技术指标

仪器总线电压：18V。

仪器总线传输速率：500kb/s。

传输码型：AMI。

密度源及源强：^{241}Am，150mCi。

产气剖面测速：600m/h。

压力探头分辨率：0.008psi。

惯性液体密度测量范围：0.0～1.25g/cm^3。

持水探头分辨率：1%。

【考试要求】

掌握仪器结构、电路组成、刻度及维保。

熟悉仪器工作原理、应用。

了解仪器技术指标。

2. MAPS成像生产测井仪

【考试内容】

（1）仪器结构

MAPS成像生产测井仪主要由电阻阵列测井仪RAT、电容阵列测井仪CAT和涡轮阵列测井仪SAT组成。

电阻阵列测井仪RAT的12个电阻传感器围绕井筒径向展开，每个传感器都固定在一个弹簧弓内给出一个独立的测量读数，这个读数代表流体在管道区域的特定点处的电阻，仪器根据弓形弹簧臂上12个微型电阻传感器的读数，可以提供井筒横截面的持率分布图。

电容阵列测井仪CAT的12个电容传感器是围绕井筒径向展开的，依靠弓形弹簧臂上12个微型传感器读数，提供井筒横截面的持率分布图。

涡轮阵列测井仪SAT的6个涡轮传感器是围绕着井筒径向展开的，依靠在弓形弹簧臂上的6个微型流量计，以测量周围流体的流速。涡轮阵列测井仪SAT另具有转角、倾角、温度传感器，对采集的流量数据进行补偿和计算，提供井筒横截面的流量分布图。

（2）电路组成

电阻阵列测井仪RAT的电路部分主要包括电源板、信号接口板和信号采集板。电容阵列测井仪CAT的电路部分主要包括信号接口板和信号采集板。涡轮阵列测井仪SAT的电路部分主要包括信号接口板和信号采集板，其中信号接口板需要使用

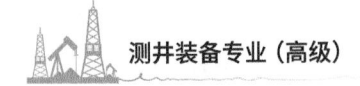

3.3V 和 5V 电源。

（3）仪器刻度

电阻阵列测井仪 RAT 在空气中进行刻度，在水和油中进行校准。RAT 在空气中的值一般 > 165，在水中的值一般 < 75。

电容阵列测井仪 CAT 在空气和水中进行刻度，在油中进行校准。CAT 在空气中的值一般 > 165，在水中的值一般 < 80。

涡轮阵列测井仪 SAT 倾角传感器每 3 个月或每 10 井次进行一次重新刻度。

（4）仪器维保

机械检查：检查所有 O 形密封圈有无损伤；检查传感器及弹簧弓有无损坏；检查电子线路有无螺钉松动、连线夹伤、焊点脱落等。

电路检查：用万用表检查单芯总线对地是否有短路现象；用万用表电阻挡检查仪器上、下接头之间电阻是否小于 0.5Ω；检查仪器通电时计数是否正常。

（5）工作原理

电阻阵列测井仪 RAT 有 12 个电阻传感器，这 12 个传感器读数代表流体在管道区域特定点处的电阻，通过计算可以得到流体持水率。电容阵列测井仪 CAT 有 12 个电容传感器，这 12 个传感器读数代表流体在管道区域特定点处的介电常数，通过计算可以得到流体持水率。涡轮阵列测井仪 SAT 有 6 个涡轮传感器，这 6 个传感器读数代表流体在管道区域特定点处的流速，通过计算可以得到流体流量。

（6）仪器应用

MAPS 成像生产测井仪的电阻阵列测井仪 RAT、电容阵列测井仪 CAT 和涡轮阵列测井仪 SAT 是专门设计适用于大斜度井和水平井井液持水率和流量等参数测量的。其中 RAT 和 CAT 是利用两种不同的测量方法对持水率参数的测量，SAT 是对流量参数的测量。MAPS 成像生产测井仪适用于水平井中的分层流动测量，弹簧弓的设计可以实现在井中上测和下测的功能。

（7）仪器技术指标

仪器外径：43mm。

CAT 含水测量精度：±3%（含水 5%），±5%（含水 50%）。

SAT 适用套管尺寸：3.5～7in。

SAT 最大测速：30ft/min。

【考试要求】

掌握仪器结构、电路组成、刻度及维保。

熟悉仪器工作原理、应用。

了解仪器技术指标。

3. SBT/RBT 扇区水泥胶结测井仪

【考试内容】

（1）仪器结构

SBT 扇区水泥胶结测井仪有 6 个推靠测量臂，每个臂上有 2 个换能器，分别是发射换能器和接收换能器。SBT 仪器串自上而下分别为 CCL 校深、GRT 校深、WTC 遥传、SBT 测量、VDL 测量。

六扇区水泥胶结测井仪 RBT003 由声系部分和电子线路两部分组成。声系部分采用一发两收结构，分别是 3ft（径向）接收、5ft 接收，径向接收为 6 扇区，每一扇区对应 60° 区域。RBT003 不具备单独的 3ft 声波探头，依靠 6 扇区探头数据合成形成声幅曲线，5ft 声波探头数据形成变密度曲线。

八扇区水泥胶结测井仪 RBT004 由声系部分和电子线路两部分组成。声系部分采用一发两收结构，分别是 3ft（径向）接收、5ft 接收，径向接收为 8 扇区，每一扇区对应 45° 区域。RBT004 不具备单独的 3ft 声波探头，依靠 8 扇区探头数据合成形成声幅曲线，5ft 声波探头数据形成变密度曲线。

（2）电路组成

SBT 扇区水泥胶结测井仪为了提高发射探头的指向性，采用两个探头聚能发射的方式，换能器的激发时间为 7μs，延迟时间为 4.5μs。SBT 扇区水泥胶结测井仪的 VDL 发射换能器发射 22kHz 的声波，用间距为 5ft 的接收器记录变密度波形，来更好地识别套管波和地层波；通过计算声波信号的衰减量，抵消发射和接收探头灵敏度的个体差异。SBT 扇区水泥胶结测井仪极板换能器驱动板包含了 12 个相同的高电压驱动电路，用于驱动 6 个极板换能器 inner 和 outer；电动机控制板包含了 2 个由 MOS 管组成的电路，用于控制机械臂收放；接收板输出为两路模拟信号：U_REC 和 L_REC。

RBT 扇区水泥胶结测井仪由声系部分和电子线路两部分组成，电子线路部分接收遥传命令，并控制整个仪器工作，完成数据采集并将数据发送到遥传。六扇区水泥胶结测井仪 RBT003 供电电压及电流为 18VDC、50mA，声波处理电路中共有 8 个声波模拟信号处理通道。八扇区水泥胶结测井仪 RBT004 供电电压及电流为 18VDC、50mA，声波处理电路中共有 10 个声波模拟信号处理通道。

（3）仪器刻度

六扇区水泥胶结测井仪 RBT003 刻度检查时，仪器扇区探头匹配阻值约为 1.5kΩ；首波幅度必须为 1V ± 0.02V；对仪器探头阻值进行匹配调节的顺序为扇区—远—近。

八扇区水泥胶结测井仪 RBT004 刻度检查时，仪器近探头匹配阻值约为 $25k\Omega$；首波幅度必须为 $1V \pm 0.02V$；对仪器探头阻值进行匹配调节的顺序为扇区—远—近。

（4）仪器维保

SBT 扇区声波测井仪晶体腔内必须抽真空注满硅油，保证无气泡存在。六扇区水泥胶结测井仪 RBT003 测井作业后一级维保重点部位包括接头密封圈、接头螺纹、声波探头、各类螺钉及顶丝。八扇区水泥胶结测井仪 RBT004 测井作业后必须检查声波探头，确保声波探头腔体内硅油状态完好。

（5）工作原理

SBT 扇区水泥胶结测井仪发射探头发射的声波信号经套管耦合到接收探头，水泥胶结的质量越好，接收探头收到的信号越弱，通过计算声波信号的衰减量，就可以得到水泥胶结的良好程度。

RBT 扇区水泥胶结测井仪采用声波测井原理，具备一个声波发射探头和两个声波接收探头，从发射探头发射的声波最先到达接收探头的是沿套管传播的首波。

（6）仪器应用

在应用上 SBT 仪器采用推靠臂贴近井壁测量，能测量出精度更高的胶结质量，第一界面首波幅值成像测量，第二界面全波列采集。主要用途为水泥胶结完成之后，测量固井质量；射孔之前，对射孔段进行固井质量检测；对比验证其他固井质量检测仪器的测井结果；生产过程中，确认生产泄漏和窜槽等。

RBT 扇区水泥胶结测井仪需要与遥测短节 XTU、磁定位短节 CCL、自然伽马短节 PGR 仪器组合完成固井质量评价测井。其中 RBT003 为六扇区水泥胶结测井仪，可以提供 60° 区域内的套管与水泥的胶结状况测量；RBT004 为八扇区水泥胶结测井仪，可以提供 45° 区域内的套管与水泥的胶结状况测量。应用于第一界面水泥胶结质量评价以及第二界面水泥胶结质量评价。

（7）仪器技术指标

SBT 工作电压：150VDC。

工作电流：< 100mA。

SBT 测量换能器工作频率：变密度测量换能器 20kHz，扇区测量换能器 100kHz。

RBT003 最高工作温度：177℃。

RBT003 最大工作压力：138MPa。

RBT003 适用最大套管井径：19cm。

RBT004 工作电压：18VDC。

RBT004 工作电流：50mA。

RBT004 适用最大套管井径：34cm。

【考试要求】

掌握仪器结构、电路组成、刻度及维保。

熟悉仪器工作原理、应用。

了解仪器技术指标。

4. MIT 多臂井径测井仪

【考试内容】

（1）仪器结构

24 臂井径测井仪 MIT034（MIT028）和 40 臂井径测井仪 MIT037 在仪器结构上除了发射及测量探头数量不同，其他基本类似。MIT034（MIT028）电磁感应探头总成有 24 个发射线圈和接收线圈，MIT037 电磁感应探头总成有 40 个发射线圈和接收线圈。MIT 多臂井径测井仪主要包括上部电子线路部分、中部发射及测量探头机械部分、下部电动机传动电路部分。MIT 多臂井径测井仪带有测相对井斜和方位的旋转探头，用于井斜校正。为了确保测量精度，仪器具备井温参数的测量，以校正测量臂受井内环境变化的影响。

（2）电路组成

24 臂井径测井仪 MIT034（MIT028）和 40 臂井径测井仪 MIT037 在仪器电路上除了测量探头数量不同，其他基本类似。

MIT 多臂井径测井仪的电动机电路主要包括电动机电源板、电动机 CPU 板、电动机控制板三部分，用来控制井下电动机完成地面系统下发开臂或收臂指令。地面系统按一定周期下发开臂指令，一旦该指令中断，井下仪器判断电路将执行自动收臂指令，确保安全。MIT 多臂井径测井仪具备电动机行程判断电路和电动机运行时间控制电路，确保仪器开收臂安全，同时井下仪器监测电动机运行电流，连续出现 5 次电流异常后，电动机将停止运行，确保电动机运行安全。MIT 多臂井径测井仪为了确保测量精度，仪器具备斜度和相对方位参数的测量，以校正在斜度井测井时测量臂受仪器自重的影响。

（3）仪器刻度

刻度效果检查时将测量臂置于刻度器第 7 环，对比 24 个或 40 个测量臂测量数据是否为已知测量环的内径，第 7 环要求数据为 177.8mm ± 1mm。

测井后都要在井的表层套管内测量一段井径曲线，以检验 MIT 多臂井径仪的稳定性。

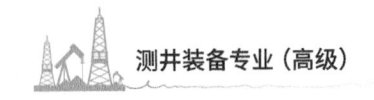

（4）仪器维保

仪器每测 1 口井进行 1 次一级维修保养，重点检查密封圈、上下接口螺纹、螺钉及顶丝等是否完好。仪器每测 5 口井或测井后返回仪修车间进行 1 次二级维修保养，重点检查测量臂组件是否完好。

（5）工作原理

MIT 多臂井径测井仪的测量总成是利用电磁感应原理，将测量臂对井壁的位移量转换成电信号，再利用机械位移方法对套管或油管的腐蚀和厚度变化进行检测。仪器采用 24 个、40 个或 60 个测量臂，每个测量臂探头里面有一个微型的磁信号传感器，每一个传感器会测量一个位移磁变化数据，数据通过传输短节传输到地面系统，通过地面采集软件将每个探头的曲线记录下来，通过专用的解释软件评价套管状况。

（6）仪器应用

MIT 多臂井径测井仪主要应用于油井的套损检测，根据井况及测井需求，可以选择 24 臂井径测井仪 MIT034（MIT028）、40 臂井径测井仪 MIT037 或 60 臂井径测井仪 MIT029 与 MTT 电磁测厚测井仪组合进行套损检测。其中 MIT037 除了常规的 7in 测量臂，还可以使用 9in 加长测量臂，完成大直径套管参数的测量；MIT034 除了常规的 7in 测量臂，还可以使用 5in 测量臂，完成小直径套管参数的测量。MIT 仪器可以精确测量套管内径，三维呈现套管腐蚀情况以及套管沾污情况。可以广泛应用于测量套管腐蚀情况、测量套管变形情况、测量射孔情况。

（7）仪器技术指标

MIT037 最高工作温度：177℃。

MIT037 最大工作压力：138MPa。

MIT034 适用井径测量范围：45～178mm（7in 臂）。

MIT028 适用井径测量范围：45～114mm（4.5in 臂）。

【考试要求】

掌握仪器结构、电路组成、刻度及维保。

熟悉仪器工作原理、应用。

了解仪器技术指标。

5. MTT 电磁测厚测井仪

【考试内容】

（1）仪器结构

仪器由上电子线路、中部接收探头和下发射三部分构成。上电子线路为信号处理及传输电路，中部为 12 个磁信号接收探头，下发射部分为电磁发射电路及 1 个发射探头。MTT 电磁测厚测井仪使用 1 个 AC 磁波发射器发出交变磁波，通过 12 个接收器检测返回磁波的速度和振幅。

（2）电路组成

仪器电路主要由开关电源部分、发射探头驱动部分、磁测厚探头信号处理部分、A/D 采集数据处理部分和传输接口部分等组成。MCU 在仪器中是核心器件，负责控制 AC 磁波发射探头驱动频率输出，默认驱动频率为 12Hz；控制模拟开关采集接收探头返回磁波的速度和振幅，并将数据传送至传输短节。

（3）仪器刻度

MTT 电磁测厚测井仪采用现场刻度，为了计算套管的剩余厚度，必须在被测井段对不同尺寸的套管进行刻度。AC 磁波发射器的驱动频率可以根据被测套管的壁厚设置为 5～20Hz，默认驱动频率为 12Hz；壁越厚频率越低，壁越薄频率越高。测井过程中如果发现刻度位置有破损，则需要避开此刻度位置重新刻度。

（4）仪器维保

仪器每测 1 口井进行一次一级维修保养，重点检查密封圈、上下接口螺纹、螺钉及顶丝等是否完好。仪器每测 5 口井或测井后返回仪修车间进行一次二级维修保养，重点检查磁测厚探头、弹簧及弓形臂组件是否完好。

（5）工作原理

MTT 电磁测厚测井仪采用单芯供电、单芯信号传输的方式。仪器采用电磁感应原理进行套损检测测井，采用 12 个阵列探头，每个探头里面有一个微型磁信号传感器，每个传感器会测量一个磁变化数据，将 12 个数据通过传输短节传输到地面系统，通过解释软件评价套管状况。

（6）仪器应用

MTT 电磁测厚测井仪是一种用于测量套管厚度变化的仪器，测量时需居中测量，能够和 MIT 多臂井径测井仪组合测井，通过综合解释来评价套管井的套损情况。

（7）仪器技术指标

最高工作温度：150℃。

最大工作压力：103.4MPa。

最高测井速度：10m/min。

套管破损井段复测速度：5m/min。

测量范围：3～7in。

径向分辨率：5in 以下套管 100% 覆盖。
典型工作频率：10kHz、12kHz、15kHz。

【考试要求】
掌握仪器结构、电路组成、刻度及维保。
熟悉仪器工作原理、应用。
了解仪器技术指标。

五、随钻测井仪系列

（一）随钻常规测井系列

【考试内容】
1. 随钻地面采集系统构成
随钻地面采集系统包括：立管压力传感器、深度编码传感器、大钩载荷传感器、钻台显示器、SIU、笔记本电脑、绘图仪、测试盒。

立管压力传感器：立管压力传感器安装在立管上测量立管压力，侦测钻井液脉冲信号。

深度编码传感器：与大钩载荷传感器用于深度跟踪。

大钩载荷传感器：由离子束溅射压力传感器与信号调制电路组成，适用于流体压力的检测，具有精度高、能长期在恶劣环境下稳定工作的特点，输出标准的 4～20mA 电流信号，测量范围为 6MPa。

SIU（传感器接口）：地面传感器信号的采集与处理。

钻台显示器：用于向司钻和定向钻井人员提供测深、井斜、方位、工具面等数据的实时显示。

2. 随钻电磁波电阻率测井仪
随钻电磁波电阻率测井原理：仪器是通过天线系统发射、接收电磁波信号来获取地层电阻率的。在介质中传播时，电磁波波长将随着传播速度的变化而变化，而且电磁波的幅度和相位都会随介质的电特性变化而改变。接收天线的电磁波响应主要由介质的电阻率、介电常数、磁导率等电特性决定。一般地层，磁导率不变，可忽略其影响。工作频率较高时，介电常数仅对高电阻率介质有影响，低工作频率时可忽略介电常数的影响。当电磁波离开发射天线 T 传播时，波要经过多个介质，包括钻铤、井眼钻井液、滤饼、冲洗带、地层过渡带和原状地层，接收天线 R_1、R_2

接收到传播过来的电磁波。

接收天线的电磁波响应主要由介质的电阻率、介电常数、磁导率等电特性决定。

电磁波与电阻率的关系：随着地层电阻率的增加，电磁波的波速和波长增加，旅行时减少；随着地层电阻率的增加，两接收天线间的相位差和幅度衰减小；通过测量电磁波的相位差和幅度衰减可以导出地层电阻率。

仪器有两种工作频率 2MHz 和 400kHz，由 4 个发射线圈、2 个接收线圈组成。

3. 常规 MWD 随钻测井仪

下井仪器主要由脉冲发生器、驱动器短节、定向测量短节、电池筒短节几部分组成。

脉冲发生器是一个机电液一体化设备，它主要由主阀、溢流阀和控制阀组成。脉冲发生器在井下用液压启动锥形的主阀芯向着主阀筒运动，使钻井液通过主阀筒时给以一定的限制。这样就产生了回压或脉冲，使得地面系统的立管压力中产生"正"的压力增长。钻井液排量是决定间隙大小的主要因素。间隙太小则冲蚀严重；间隙太大，信号则不强。

驱动器短节由驱动板、主控板和电容板 3 个电路模块组成，接收所有下井仪器的数据信号，并进行数据处理、编码、存储、发送格式制定等。仪器下井前，根据需要，配置测量的参数及顺序，并与地面仪器保持一致。驱动脉冲发生器可靠工作，提供脉冲发生器动作的能量。驱动器提供压力开关监测，通过监测压力来控制数据的采集和发送。

定向测量短节由 A/D 模块、电源模块、MPU 模块和传感器探管组成。

电池筒短节包括主从电池、主电池和电池模块。

4. 随钻双感应测井仪

随钻双感应测井仪功能：可用于划分岩性、估算泥质含量、推断含烃饱和度、识别油气层等，为大斜度井、水平井等测井施工和地层评价提供测井数据图。

随钻双感应测井仪组成：随钻双感应测井仪由钻铤、电子仪、钻井液导流套、发射线圈和接收线圈、玻璃钢外壳构成。

随钻双感应测井仪电子线路：电子仪总成是仪器的电路部分，完成发射信号的产生、接收信号的放大、接收信号的处理、伽马信号的处理、仪器工作状态的控制以及信号传输等任务。

5. 可控源中子孔隙度随钻测井仪

仪器组成：可控源中子孔隙度随钻测井仪用脉冲中子发生器取代了传统的镅铍

中子源，仅用一根钻铤，由发电机供电或电池供电，提供中子孔隙度测量。该仪器由中子发生器短节、中子探测器和数据处理短节组成。

中子发生器是一种加速器中子源，它和一般加速器一样，利用加速的离子轰击靶（某一种元素）来产生中子。中子发生器的辐射危害主要是中子射线，在该仪器中的放射性防护主要是关注中子发生器供电。

仪器放射性安全防护：仪器发射中子需满足总控开关处于通状态、压力开关处于通状态和仪器延时时间到的条件。在以上条件满足情况下，仪器发射中子，工作现场35m范围内不允许有人员出现。

6. 高速钻井液脉冲发生器

高速钻井液脉冲发生器是MWD/LWD组合仪器与地面设备之间的通信工具，是一种简单的但行之有效的钻井液脉冲遥传系统，能将井下测量设备所测量的数据直接传送到地面设备。该设备位于钻铤中MWD/LWD组合仪器的顶端。通信的实现是利用在钻杆内循环的钻井液液柱产生小的压力脉冲，包含了从井下电子线路编码信息的压力脉冲，能被MWD/LWD地面设备检测和解码。

7. 随钻超声井径仪器

随钻超声井径仪器的主要组成：钻铤、超声换能器、激励接收电路、采集处理电路。

超声换能器沿着井眼的径向，向井壁垂直发射超声波，当发出的超声波遇到井壁时就会发生反射，反射的超声回波被换能器接收。随钻超声井径仪器采用自激自收模式。

8. 随钻多参数测量仪

随钻多参数测量仪是一种钻井工程参数测量仪器，能够测量钻杆扭矩、环空、水眼钻井液压力、钻杆振动、钻井液电阻率和井温参数，适用于长水平段水平井、复杂地质条件下钻井风险评估。

随钻多参数测量仪用到的传感器包括扭矩传感器、压力传感器、振动传感器、钻井液电阻率电动机系、温度传感器五种。

9. 随钻Q系列仪器

随钻Q系列仪器由地面系统和井下仪器组成，集机、电、液、测、控等多学科技术于一体，系统集成度高、结构复杂，是油气开发提速、提质、提效的核心利器。

随钻Q系列仪器由脉冲器/发电机、定向管（MWD）方位伽马探测器、近钻头井斜探测器、导向头组成。

随钻 Q 系列仪器特点：钻进时钻具整体旋转；无滑动钻进，良好的钻压传递和井眼清洁；导向依靠非旋转套上的 3 个肋板，其靠近钻头；基于平滑的导向力的调整，实现闭环控制。

导向头组成：初级电子仓、次级电子仓、PDC 轴承、下驱动轴、液压模块、非旋转套、旋转变压器、无磁扶正器、上驱动轴。

定向管（MWD）方位伽马组成：定向探管、SPaCer、电池筒、方位伽马探测器、长度调节器、无磁柔性钻杆、上扶正器。

脉冲发生器 / 发电机组成：脉冲发生器、电子模块、发电机。

【考试要求】

掌握随钻地面采集系统构成、随钻电磁波电阻率测井仪的功能、核探测器知识。掌握常规 MWD 随钻测井仪、随钻双感应测井仪、可控源中子孔隙度测井仪的组成。

熟悉高速钻井液脉冲发生器结构、随钻超声井径仪器、随钻多参数仪器和随钻 Q 系列仪器功能。

（二）随钻成像测井系列

1. 贝克休斯 CURE 旋转导向系统

【考试内容】

仪器原理：通过地面跟井下工具之间通信交流时时改变所需井眼轨迹，能使该工具在旋转钻进中实现自动导向。旋转导向系统采用推靠板或者弯曲钻柱的手段，实现导向和工具面控制。

使用旋转导向系统进行地质导向钻井优势：更好的钻压传递，更平滑的井眼轨迹，更高的机械钻速，可以旋转钻进。

贝克休斯 CURE 旋转导向系统井下仪器组成：脉冲器，发电机，MWD，方位伽马探测器，导向头。

【考试要求】

掌握贝克休斯 CURE 旋转导向系统组成、旋转导向工具工作原理。

2. 随钻伽马成像测井仪

【考试内容】

仪器工作原理：随钻伽马成像测井仪通过放置于钻铤侧壁同一截面多个伽马传感器所测量的地层自然伽马值，结合方位测量系统，在钻井过程中实时测量井周不同方位的地层自然伽马信息。滑动时提供井周 4 个扇区的方位自然伽马测量值，并实时上传；复合钻进时提供 16 个方位的自然伽马测量值，实时上传并存储在井下仪器中，经过数据和成像处理提供地层伽马成像。

仪器钻铤主要由钻铤本体、伽马传感器组件、磁力计系统组件、电子线路组件、固定连接组件（固定螺栓、盖板等）、钻井液导流套构成。

仪器概况：CGR2411 居中随钻伽马成像测井仪由传感器、高压电源、低压电源、信号处理电路 4 个单元模块构成。

低压电源是将 +24V 直流供电电源转变成 +15V、+5V 直流电源，由开关电源、滤波电容等组成。

传感器：采用闪烁探测器，由 NaI 晶体、光电倍增管和分压电阻组成，装在护壳中，组成一体化探头总成。钨和铅材料对伽马射线的屏蔽效果要远好于其他材料。

仪器刻度：仪器的标准化过程称作对仪器的刻度。

一级刻度：一般由生产仪器的厂家完成，一级刻度一般在传感器出厂前进行刻度，将刻度结果随传感器的资料一并寄出。但对传感器进行维修后必须重新进行一级刻度，其方法是将传感器和钻铤一起放入标准刻度井内进行刻度。

二级刻度：用标定的随钻自然伽马刻度器对自然伽马测井仪进行刻度，称为自然伽马二级刻度。在进行二级刻度时，先进行本底测量，获取本底计数率 N_b，再加上刻度器进行测量，获取加刻度器的计数率 N_c，二级刻度时的仪器系数为 $FC=X/(N_c-N_b)$（X 为已知量，刻度器的标称值）。

现场校验：在现场校验时，先进行一次二级刻度代替车间刻度以获取仪器系数。测井前进行的校验叫测前校验，以验证刻度器的工程值是否在标准值范围内。在测井完成后，再进行一次校验称为测后校验，以验证在整个测井过程中仪器是否处于良好状态，以此证明所测自然伽马测井曲线是否有效和可信。

【考试要求】

掌握随钻伽马成像测井仪结构组成、用途。

3. 随钻方位侧向电阻率成像测井仪

【考试内容】

随钻方位侧向电阻率成像测井仪由 4 个发射天线、4 个象限接收电极、2 个纽扣接收电极，方位传感器组件、导流套和电路组件（发射板、接收板、主控板、电源板）组成。

主要用途：石灰岩、碳酸盐岩等中高阻储层识别和储层评价，为现场地质卡层提供决策指导；水平井水平段储层探边，轨迹控制，提高油层钻遇率，提高开发效率；电阻率成像精细储层描述，识别裂缝溶洞以及地质构造，优化完井开发方案设计；致密油气、页岩气等非常规油气储层开发的"定轨迹、找'甜点'"。

随钻方位侧向电阻率成像测井仪基于电流聚焦侧向测井原理，在中高阻储层电阻率测量更优。该仪器采用伪对称多发射天线结构，实现了3种探测深度的电阻率测量；应用斜交双电扣全井眼扫描电阻率成像方法，通过钻具旋转实现随钻扫描电阻率成像；实现精细地层评价。通过测量井周4个方向电阻率响应差异，实现地层方位电阻率测量，控制钻井轨迹，提高油层钻遇率。

仪器整个电路系统包含4块发射电路板、2块接收电路板、6块前放电路板、1块主控电路板、1块电源电路板、1套方位测量系统和1个一体化伽马探测器。仪器电路系统的供电和通信均采用总线设计模式，有利于仪器内部走线和高度集成化。

方位测量系统：通过磁方位信息，完成仪器伽马和电阻率扫描成像。方位测量系统采用集成的方位模块，包含2个互为90°安装的磁通门和2块驱动板、1块信号处理板。

一体化伽马探测器：采用集成一体化伽马探测器，包含了信号调理电路，可直接输出伽马脉冲信号，送到主控板，完成地层伽马信息测量。

所有外部传感器相对于钻铤是独立体，它们是单个的组件。所有模块不以钻铤为基准进行加工。该方法简化了钻铤的加工工艺，同时降低了加工成本。

多扇区成像数据井下采集及数据处理：仪器采用最多128个方位扇区数组式随钻电阻率成像计算原理，通过改变仪器内部不同工作时序以此调整仪器采集方式，再通过配套地面软件成像数据处理，实现全井眼扫描电阻率成像功能。

【考试要求】

掌握随钻方位侧向电阻率成像测井仪功能和结构特点。

第四部分

练习题

一、基础知识：模拟电路

（一）单选题

1. 某放大电路在负数开路时的输出电压为 4V，接入 3kΩ 的负载电阻后输出电压降为 3V。这说明放大电路的输出电阻为（　　）。

   [A] 10kΩ　　　　　[B] 1kΩ　　　　　[C] 2kΩ　　　　　[D] 0.5kΩ

2. 为了使高阻信号源或高阻输出的放大电路与低阻负载很好地配合，可以在信号源或放大电路与负载之间接入（　　）。

   [A] 共射电路　　　[B] 共基电路　　　[C] 共集电路　　　[D] 以上都可以

3. 阻容耦合的放大电路可放大（　　）。

   [A] 交流信号　　　[B] 直流信号　　　[C] 交直流信号　　[D] 反馈信号

4. 当三极管饱和时，它的管压降 U_{CE} 约为（　　）。

   [A] 电源电压　　　　　　　　　　　　[B] 电源电压的一半

   [C] 近似为零　　　　　　　　　　　　[D] 以上都不对

5. 在放大器中，为了达到阻抗匹配，常采用（　　）进行阻抗变换。

   [A] 电阻　　　　　[B] 电感　　　　　[C] 变压器　　　　[D] 电容

6. 在由 PNP 晶体管组成的基本共射放大电路中，当输入信号为 1kHz、5mV 的正弦电压时，输出电压波形出现了顶部削平的失真。这种失真是（　　）。

   [A] 截止失真　　　[B] 饱和失真　　　[C] 交越失真　　　[D] 频率失真

7. 负反馈所能抑制的干扰和噪声是（　　）。

   [A] 输入信号所包含的干扰和噪声　　　[B] 反馈环内的干扰和噪声

   [C] 反馈环外的干扰和噪声　　　　　　[D] 输出信号中的干扰和噪声

8. 对功率放大器的最基本要求是（　　）。

   [A] 输出信号电压大　　　　　　　　[B] 输出信号电流大

   [C] 输出信号电压大，电流小　　　　[D] 输出信号电压和电流均大

9. 微分电路的放电电流与充电电流的关系为（　　）。

   [A] 放电电流大于充电电流

   [B] 放电电流小于充电电流

   [C] 放电电流与充电电流大小相等方向相反

   [D] 放电电流与充电电流大小相等方向相同

10. 某放大电路在负载开路时的输出电压为4V，接入3kΩ的负载电阻后输出电压降为3V，这说明放大电路的输出电阻为（　　）。

    [A] 10kΩ　　　　[B] 2kΩ　　　　[C] 1kΩ　　　　[D] 0.5kΩ

11. 石英晶体受到（　　）的作用时，将产生机械振动。

    [A] 交变电场　　[B] 交变磁场　　[C] 恒定电场　　[D] 恒定磁场

12. 带通滤波器是由（　　）级联组成。

    [A] 两个低通滤波器　　　　　　　　[B] 一个低通滤波器和一个高通滤波器

    [C] 两个高通滤波器　　　　　　　　[D] 以上三种情况均可

13. 在电容滤波电路中，如果把电解电容器的极性接反，则会（　　）。

    [A] 电容量增大　　　　　　　　　　[B] 电容量减小

    [C] 电容器击穿损坏　　　　　　　　[D] 容抗增大

14. 多级放大器的放大倍数等于每级放大电路放大倍数的（　　）。

    [A] 和　　　　　[B] 积　　　　　[C] 差　　　　　[D] 商

15. 稳压电路是利用二极管的（　　）起到稳压作用。

    [A] 单向导电性　[B] 逆向击穿性　[C] 开关特性　　[D] 检波作用

16. 下列说法中正确的是（　　）。

    [A] 场效应管是电压控制器件，属于双极型器件

    [B] 场效应管是电压控制器件，属于单极型器件

    [C] 场效应管是电流控制器件，属于单极型器件

    [D] 场效应管是电流控制器件，属于双极型器件

17. 在数字电路中，三极管工作在（　　）状态。

    [A] 导通和截止　[B] 放大　　　　[C] 放大和导通　[D] 放大和截止

18. 色环法标注电阻值，四环电阻第三环为（　　）。

    [A] 有效数环　　[B] 被乘数环　　[C] 误差数环　　[D] 精度数环

19. 电容器串联时，总耐压增大，电容器两端承担的电压与容量成（　　）关系。

　　[A] 正比　　　　[B] 反比　　　　[C] 对数　　　　[D] 指数

20. 霍尔传感器可以检测（　　）的存在和变化。

　　[A] 电场　　　　[B] 重力场　　　[C] 光电场　　　[D] 磁场

（二）多选题

1. 在已知信号频率范围的情况下，只要放大电路的（　　），放大电路的通频带即为合适。

　　[A] 下限频率略低于信号的最低频率　　[B] 下限频率略高于信号的最低频率
　　[C] 上限频率略高于信号的最高频率　　[D] 上限频率略低于信号的最高频率

2. 直接耦合放大电路存在零点漂移的原因是（　　）。

　　[A] 电源电压不稳定　　　　　　　　　[B] 元件老化
　　[C] 放大倍数不够稳定　　　　　　　　[D] 晶体管参数受温度影响

3. 场效应管基本放大电路有（　　）接法。

　　[A] 共源　　　　[B] 共漏　　　　[C] 共栅　　　　[D] 共基

4. 若要改善放大电路的性能，则应引入交流负反馈，交流负反馈具有（　　）的作用。

　　[A] 提高放大倍数的稳定性　　　　　　[B] 改变输入电阻和输出电阻
　　[C] 展宽频带　　　　　　　　　　　　[D] 减小非线性失真

5. 性能较高的功率放大电路必须满足的要求是（　　）。

　　[A] 输出功率要大　　　　　　　　　　[B] 效率要高
　　[C] 非线性失真要小　　　　　　　　　[D] 散热要好

6. 正弦波振荡电路由（　　）组成。

　　[A] 放大电路　　[B] 选频网络　　[C] 正反馈网络　　[D] 稳幅环节

7. 模拟电路中非正弦波发生电路由（　　）组成，主要参数是振荡幅值和振荡频率。

　　[A] 滞回比较器　[B] 窗口比较器　[C] 单限比较器　　[D] RC 延时电路

8. 场效应管有（　　）工作区域。

　　[A] 饱和区　　　[B] 截止区　　　[C] 恒流区　　　　[D] 可变电阻区

9. 下列电容器为有极性电容器的是（　　）。

　　[A] 云母电容　　[B] 陶瓷电容　　[C] 铝电解电容　　[D] 钽电解电容

10. 高频扼流圈在电路中的作用是（　　）。

[A] 通高频　　　　[B] 通低频　　　　[C] 阻高频　　　　[D] 阻低频

（三）判断题

1. 对于交流放大器，当输入信号为直流信号时，放大电路的输出都毫无变化。

2. 晶体管放大电路的静态工作点偏高，输出波形就容易出现饱和失真。

3. 从放大器的输入端看进去的等效电阻为放大器的输入电阻。

4. 放大器中，按照反馈信号对输入信号的削弱或增强作用，可分为负反馈和正反馈两大类。

5. 在输入电平为零时，甲乙类功放电路中电源所消耗功率是两个管子静态电流与电源电压的乘积。

6. 在功率放大电路中，输出功率最大时，功放管的功率损耗也最大。

7. 变压器耦合放大电路可以放大直流信号。

8. 串联集成运放稳压电路主要由取样电路、基准电压、比较放大、调整管和保护电路五部分组成。

9. 反相比例运算电路属于电压串联负反馈，同相比例运算电路属于电压并联负反馈。

10. 在反相求和电路中，集成运放的反相输入端为虚地点，流过反馈电阻的电流基本上等于各输入电流之代数和。

11. 电容滤波主要用于负载电流大的场合，而电感滤波主要用于负载电流小的场合。

12. 由集成运放构成的电压跟随器，没有外接电容，故不可能产生振荡。

13. 单限比较器比滞回比较器抗干扰能力强，而滞回比较器比单限比较器灵敏度高。

14. 对于正弦波振荡电路而言，只要不满足相位平衡条件，即使放大电路的放大倍数很大也不可能产生正弦波振荡。

15. 集成运算放大电路是一种具有很高的放大倍数并带有深度负反馈的交流放大电路。

16. 在采集的信号为变化较快的时变信号时，在 A/D 前应加采样/保持器。

17. 电路中的限流电阻不但有限流作用，还有调压作用。

18. 压电晶体的压电效应随着温度升高而加强。

19. 场效应管放大电路以栅极和源极之间作为信号输入端，而从漏极和源极之间取出输出信号。

20. 闪烁发光二极管电极有正、负之分，在电路中不能接错。

（四）参考答案

单选题

1. B；2. C；3. A；4. C；5. C；6. B；7. B；8. D；9. C；10. C；11. A；12. B；13. C；14. B；15. B；16. B；17. A；18. B；19. D；20. D

多选题

1. AC；2. ABD；3. ABC；4. ABCD；5. ABCD；6. ABCD；7. AD；8. BCD；9. CD；10. BC

判断题

1. ×；2. √；3. √；4. √；5. √；6. ×；7. ×；8. √；9. ×；10. √；11. ×；12. ×；13. ×；14. √；15. ×；16. √；17. √；18. ×；19. √；20. √

二、基础知识：数字电路

（一）单选题

1. 十进制数 13 的二进制数为（　　）。

 [A] 1000　　　　[B] 1101　　　　[C] 1010　　　　[D] 1011

2. 二进制数 1001.01 的十进制数为（　　）。

 [A] 9.25　　　　[B] 9.50　　　　[C] 8.25　　　　[D] 8.50

3. 二进制数逢（　　）进一。

 [A] 十六　　　　[B] 十　　　　　[C] 八　　　　　[D] 二

4. 一个 4 位二进制计数器的最大模数是（　　）。

 [A] 4　　　　　[B] 8　　　　　[C] 16　　　　　[D] 32

5. 十进制数 63 的余 3 循环 BCD 码是（　　）。

 [A] 11010101　　[B] 01100011　　[C] 10111011　　[D] 10001101

6. 在 ASCII 的下列字符中，最大的字符是（　　）。

 [A] "A"　　　　[B] "Z"　　　　[C] "9"　　　　[D] "0"

7. 将二进制、八进制和十六进制数转换为十进制数的共同规则是（　　）。

 [A] 除 n 取余　　[B] n 位转 1 位　　[C] 按位权展开　　[D] 乘 n 取整

8. 曼彻斯特码的同步位中，（　　）表示数据同步。

   [A] 下降沿　　　　　　[B] 上升沿　　　　　　[C] 低电平　　　　　　[D] 高电平

9. （　　）不能用来表示逻辑函数表达式。

   [A] 真值表　　　　　　[B] 卡诺图　　　　　　[C] 逻辑图　　　　　　[D] 电路图

10. 或逻辑又称（　　）。

    [A] 逻辑加　　　　　　[B] 逻辑乘　　　　　　[C] 求补　　　　　　　[D] 以上都不对

11. 与逻辑记作（　　）。

    [A] Z=A+B　　　　　　[B] Z=AB　　　　　　　[C] Z=A　　　　　　　[D] Z=A/B

12. 逻辑函数 L（A，B，C）=（A+B）（B+C）（A+C）的最简与或表达式为（　　）。

    [A]（A+C）B+AC　　　　　　　　　　　[B] AB+（B+A）C
    [C] A（B+C）+BC　　　　　　　　　　　[D] AB+BC+AC

13. 非逻辑又称（　　）。

    [A] 求补　　　　　　　[B] 逻辑乘　　　　　　[C] 逻辑加　　　　　　[D] 以上都不对

14. 多数字电路中，三极管一般工作在（　　）状态。

    [A] 饱和　　　　　　　[B] 截止　　　　　　　[C] 开关　　　　　　　[D] 都适用

15. 与非门输出为低电平时，需满足（　　）。

    [A] 只要有一个输入端为低电平　　　　　　[B] 只要有一个输入端为高电平
    [C] 所有输入端都是低电平　　　　　　　　[D] 所有输入端都是高电平

16. 施密特触发器属于（　　）型双稳态触发器。

    [A] 集基耦合　　　　　[B] 基极耦合　　　　　[C] 射极耦合　　　　　[D] 集极耦合

17. 稳态触发器可用于（　　）电路。

    [A] 整流　　　　　　　[B] 分频　　　　　　　[C] 延时　　　　　　　[D] 振荡

18. 由与非门构成的基本 RS 触发器，要使 $Q^{n+1}=Q^n$，则输入信号应为（　　）。

    [A] R=S=1　　　　　　　　　　　　　　　[B] R=S=0
    [C] R=1，S=0　　　　　　　　　　　　　[D] R=0，S=1

19. AT89C52 属于（　　）。

    [A] 计数器　　　　　　[B] 存储器　　　　　　[C] 模数转换器　　　　[D] 单片机

20. AD7492 是一款高数据通过率下低功耗的逐次逼近式（　　）。

    [A] 模数转换器　　　　[B] 数据寄存器　　　　[C] 计数放大器　　　　[D] 地址锁存器

（二）多选题

1. 逻辑代数中的"0"和"1"可以表示（　　）。

   [A] 对与错　　　[B] 是与否　　　[C] 真与假　　　[D] 以上都不对

2. 下列十六进制数中是奇数的有（　　）。

   [A] 37F　　　[B] 2B8　　　[C] 34E　　　[D] FF7

3. 比十进制 0.1D 大的数是（　　）。

   [A] 二进制数 0.1B　　　　　　[B] 8421BCD 码 0.0001

   [C] 八进制数 0.1O　　　　　　[D] 十六进制数 0.1H

4. 数字电路较模拟电路有以下优点（　　）。

   [A] 高精度　　　　　　　　　[B] 抗干扰能力强

   [C] 元件易于集成化　　　　　[D] 放大倍数高

5. 网格编码调制（TCM）是一种将（　　）和（　　）相结合的技术，特别应用于限带信道的信号传输。

   [A] 网络协议　　[B] 编码　　　[C] 调制　　　[D] 解码

6. （　　）可用于逻辑函数的表示方法。

   [A] 真值表　　　[B] 逻辑式　　[C] 逻辑图　　[D] 卡诺图

7. 下列关于稳态说法正确的是（　　）。

   [A] RS 触发器具有两个稳态　　　[B] 单稳态触发器具有一个稳态

   [C] 多谐振荡器没有稳态　　　　[D] 触发器没有稳态

8. 下列属于中规模集成电路的是（　　）。

   [A] 编码器　　　[B] 译码器　　[C] 寄存器　　[D] ADC

9. CPLD 器件是一种（　　）的与或阵列形式。

   [A] 与阵列可编程　[B] 或阵列可编程　[C] 与阵列固定　[D] 或阵列固定

10. ADC 采样定理是连续信号离散化的基本依据，其最基本表述方式是（　　）。

    [A] 时域采样定理　[B] 频域采样定理　[C] 幅度采样定理　[D] 随机采样定理

（三）判断题

1. 十进制转换成二进制的方式是用十进制数除 2 取余而余数自下向上读就是所得的二进制数。

2. 逻辑代数又称开关代数、布尔代数。

3. 当某个逻辑函数恒等式成立时，则其对偶式一定成立。

4. 复合逻辑门电路实际上是多级基本逻辑门电路的连接。

5. 与非门、或非门、与或非门均属于基本逻辑门电路。

6. 门电路是逻辑电路和基本元器件。

7. 能够实现"或与"功能的门电路是三态输出门。

8. 双稳态触发器只有在外加信号作用下，电路才能从一种稳定状态翻转为另一种稳定状态。

9. 改变 RC 参数可以改变单稳态电路的输出脉冲宽度。

10. 施密特触发器要求用连续的脉冲信号进行触发。

11. 主从触发器不属于脉冲边沿触发器。

12. 单稳态触发器在数字电路中用于定时、整形、通时。

13. JK 触发器的逻辑功能类似于 RS 触发器，但不存在约束条件，并具有计数功能。

14. 随机存储器用字母 ROM 表示。

15. 寄存器用字母 RS 表示。

16. 计算机语言分为机器语言、汇编语言、C 语言 3 类。

17. 单片机可以直接驱动步进电动机和直流电动机。

18. IEEE-1394 总线、VXI 总线和 PCI 总线均为并行总线。

19. DSP 和单片机的主要区别是，DSP 采用的是冯·诺依曼总线结构。

20. FPGA 主要实现控制逻辑，当系统需要进行数据处理时，可以与 DSP 同时使用。

（四）参考答案

单选题

1. B；2. A；3. D；4. C；5. A；6. B；7. C；8. B；9. D；10. A；11. B；12. D；13. A；14. C；15. D；16. C；17. B；18. A；19. D；20. A

多选题

1. ABC；2. AD；3. AC；4. ABC；5. BC；6. ABCD；7. ABC；8. ABCD；9. AC；10. AB

判断题

1. √；2. √；3. √；4. √；5. ×；6. ×；7. ×；8. √；9. √；10. ×；11. ×；12. √；13. √；14. ×；15. √；16. ×；17. ×；18. ×；19. ×；20. √

三、基础知识：机械基础

（一）单选题

1. 两个构件之间以线或点接触形成的运动副，称为（　　）。
   [A] 低副　　　　　[B] 高副　　　　　[C] 移动副　　　　　[D] 转动副

2. 曲柄摇杆机构的压力角是（　　）。
   [A] 连杆推力与运动方向之间所夹锐角
   [B] 连杆与从动摇杆之间所夹锐角
   [C] 机构极位夹角的余角
   [D] 曲柄与机架共线时，连杆与从动杆之间所夹的锐角

3. 不能用于传动的螺纹为（　　）螺纹。
   [A] 三角形　　　　[B] 矩形　　　　　[C] 梯形　　　　　[D] 锯齿形

4. 计算机构自由度时，若计入虚约束，则机构的自由度就会（　　）。
   [A] 不变　　　　　[B] 增多　　　　　[C] 减少　　　　　[D] 不确定

5. 下列四种螺纹中，自锁性能最好的是（　　）。
   [A] 粗牙普通螺纹　[B] 细牙普通螺纹　[C] 粗牙梯形螺纹　[D] 锯齿形螺纹

6. 一端为固定铰支座，另一端为活动铰支座的梁，称为（　　）。
   [A] 双支梁　　　　[B] 外伸梁　　　　[C] 悬臂梁　　　　[D] 简支梁

7. 在圆柱形螺旋拉伸（压缩）弹簧中，弹簧指数 C 是指（　　）。
   [A] 弹簧外径与簧丝直径之比值　　　　[B] 弹簧内径与簧丝直径之比值
   [C] 弹簧自由高度与簧丝直径之比值　　[D] 弹簧中径与簧丝直径之比值

8. 危险截面是（　　）所在的截面。
   [A] 最大面积　　　[B] 最小面积　　　[C] 最大应力　　　[D] 最大内力

9. 液压泵每一转理论上排出的液体体积称为（　　）。
   [A] 瞬时理论流量　[B] 实际流量　　　[C] 排量　　　　　[D] 额定流量

10. 液压系统选择过滤器时不用考虑（　　）。
    [A] 过滤精度　　　　　　　　　　　　[B] 机械强度
    [C] 通流能力　　　　　　　　　　　　[D] 油缸类型

11. 为防止油液倒流，蓄能器与液压泵之间应安装（　　）。
    [A] 单向阀　　　　　　　　　　　　　[B] 截止阀

[C] 换向阀 [D] 减压阀

12. 流经固定平行平板缝隙的流量与缝隙值的（　　）和缝隙前后压力差成正比。

[A] 一次方 [B] 1/2 次方 [C] 二次方 [D] 三次方

13. 根据加工过程中零件质量的变化情况，零件的制造过程可分为 $\Delta m < 0$，$\Delta m=0$ 和 $\Delta m > 0$ 三种形式，不同的类型有不同的工艺方法。哪一个属于减材制造（　　）。

[A] 锻造 [B] 无心磨 [C] 冲压 [D] 3D 打印

14. 切削用量三要素是指切削深度、（　　）和切削速度。

[A] 进给量 [B] 主轴转速 [C] 刀具 [D] 加工余量

15. 数控机床能够加工轮廓形状复杂或可用数学模型描述的零件，例如涡轮叶片可用（　　）加工。

[A] 数控车床 [B] 3 轴加工中心 [C] 线切割 [D] 5 轴加工中心

16. 工艺的最高原则是用（　　）的方法改变原材料，使其成为合格的满足设计和用户使用要求的零部件或产品。

[A] 最快 [B] 最简单 [C] 最经济 [D] 最科学

17. 极限尺寸判断原则是一个综合性的判断原则，它考虑了孔和轴的尺寸、形状等的误差的影响。对有（　　）要求的孔和轴，应按此原则来判断孔、轴零件尺寸是否合格。

[A] 精度 [B] 配合 [C] 转动 [D] 误差

18. 产品图样和设计文件编号采用十一位码（自左至右）。第 8 位属于性质识别码，1 表示（　　）。

[A] 机械类识别码 [B] 电气类识别码 [C] 总体识别码 [D] 工艺类识别码

19. 产品 BOM 清单里的物料按照石油行业标准《石油工业物资分类与代码》（SY/T 5497—2018），进行标准化的描述，赋予一个物料编码后在 BOM 中标识管理。原则是（　　）。

[A] 一物多码 [B] 一物一码 [C] 多物一码 [D] 一物多描述

20. 在机械制造业中所说的技术测量，主要指几何参数的测量，包括长度、角度、表面粗糙度、（　　）等的测量。

[A] 尺寸 [B] 几何误差 [C] 硬度 [D] 配合尺寸

（二）多选题

1. 平面四杆机构的基本形式有（　　）。

    [A] 曲柄摇杆机构　　[B] 双曲柄机构　　[C] 槽轮机构　　[D] 双摇杆机构

2. 滚动轴承 N308、N408、N208、N108 都是（　　）类型轴承，其内径为（　　）mm。

    [A] 圆柱滚子　　[B] 圆柱滚针　　[C] 80　　[D] 40

3. 弹性杆件在外力作用下若保持平衡，则从其上截取的任意部分也必须保持平衡。前者称为（　　），后者称为（　　）。这种平衡关系，不仅适用于弹性杆件，而且适用于（　　），因而可以称为弹性体平衡原理。

    [A] 整体平衡　　[B] 弹性平衡　　[C] 局部平衡　　[D] 所有弹性体

4. 伯努利方程是（　　）在流体力学中的表达形式，而流量连续性方程是（　　）在流体力学中的表达形式。

    [A] 能量守恒定律　　[B] 动量定理　　[C] 质量守恒定律　　[D] 其他

5. 工艺规程是由零件的（　　）和（　　）等文件集合而成。

    [A] 加工工艺　　[B] 工艺路线　　[C] 工序卡　　[D] 装配工艺

6. 如果粗和精加工连续进行，则（　　）后的零件精度会因为（　　）的重新分布而很快丧失。

    [A] 粗加工　　[B] 精加工　　[C] 材料　　[D] 应力

7. 互换性生产不仅是使用上的需要，也是（　　）、（　　）上的需要。

    [A] 设计　　[B] 维修　　[C] 制造　　[D] 性能

8. 机械设计图纸对产品图样及技术文件要求具备机械技术文件目录、机械图样目录、成套仪器明细表、（　　）、借用件汇总表、（　　）、外购件汇总表、标准件汇总表、设计总图、（　　）、装配图、外形图。

    [A] 产品技术规格书　　　　　　[B] 零部件明细表

    [C] 通用件汇总表　　　　　　　[D] 零部件加工图

9. 中国石油物资分类与编码主要包含分类编码、（　　）、型号规格规范、（　　）

    [A] 分类名称（品名）　　　　　[B] 名称

    [C] 计量单位　　　　　　　　　[D] 厂家

10. 非接触式测量仪有（　　）。

    [A] 游标卡尺　　　　　　　　　[B] 3D 激光扫描仪

[C] 三坐标测量仪　　　　　　　　　　　[D] 光学视觉检测仪

（三）判断题

1. 轮齿的接触疲劳强度计算的是轮齿在节点处啮合时其表面的接触应力。

2. 蜗杆蜗轮传动中蜗轮常用青铜材料的目的是减少摩擦、耐磨。

3. 一方形横截面的压杆，若在其上钻一横向小孔，则该杆与原来相比稳定性不变、强度降低。

4. 液压系统中常用的单向阀控制流量，有普通单向阀和液控单向阀两种。

5. 执行元件是把液体压力能转换成机械能以驱动工作机构的元件，执行元件包括液压缸和液压马达。

6. 加工钛合金时，一般应选较小的前角，可以显著提升其切削刃强度和抗崩能力；选用较大的后角，可以减少刀具后面与过渡表面及加工表面的接触面积。

7. 机床夹具是机床的一种附加装置，它在机床上相对刀具的位置在工件未安装前已预先调整好，在加工一批工件时不必再逐个找正定位，就能保证加工的技术要求。

8. 对心曲柄滑块的曲柄与机架处于内共线和外共线两个位置之一时，出现最小传动角。

9. 泰勒原则要求轴的体外作用尺寸应小于或等于轴的上极限尺寸，并在任何位置上轴的最小实际（组成）要素应大于或等于轴的下极限尺寸。

10. 工艺纪律检查内容包括工艺、质量、设备方面。

11. 计量器具按用途、结构特点可分标准量具、极限量规、计量仪器、计量装置。

12. 螺纹互换性的主要影响因素是螺距误差、牙型半角误差、中径偏差。若螺纹中径在极限尺寸范围内，可判断该螺纹合格。

13. 液体的运动黏度是动力黏度和液体密度的比值。

14. 对于方向公差、位置误差和跳动公差，则要研究要素相对于基准的实际位置。

15. 在机械制造中，一般优先选用基轴制。

16. 车铣复合加工中心可完成车削、钻孔、扩孔、镗孔及攻螺纹、铣端面、腔体等多道工序的加工。

17. 测井装备技术文件的成套性要求，在生产阶段对产品图样及技术文件要求具备完整的产品标准，使用维修手册、操作手册、培训手册、制造手册、软件规范文本的源代码、用户操作手册、保证文件和材料消耗定额表共 8 个部分。

18. 借用件的编号应采用被借用件的图样代号。

19. BOM 依据产品结构、机、电零部件和工艺数据，自上而下完整详细地记录了组成产品各部件、零件直到原材料之间的从属结构关系，以及数量、单位和其他生产管控属性。它是一种树型结构。工艺路线是按工艺规划设计建立的工序信息数据，二者共同组成 ERP 产品制造 BOM 数据，缺一不可。

20. 在长度测量中，应将标准长度量（标准线）安放在被测长度量（被测线）的延长线上。这就是阿贝测长原则。也就是说，量具或仪器的标准量系统和被测尺寸应成串联形式。

（四）参考答案

单选题

1. B；2. A；3. A；4. C；5. B；6. B；7. D；8. C；9. C；10. D；11. A；12. D；13. B；14. A；15. D；16. C；17. B；18. A；19. B；20. B。

多选题

1. ABD；2. AD；3. ACD；4. AC；5. BC；6. BD；7. AC；8. BCD；9. AC；10. BD。

判断题

1. √；2. √；3. √；4. ×；5. √；6. √；7. √；8. √；9. √；10. ×；11. √；12. ×；13. √；14. √；15. ×；16. √；17. √；18. √；19. √；20. √

四、专业知识：裸眼井成像测井仪系列

（一）单选题

1. MIT1530 阵列感应测井仪，通过测量可得到（　　）种纵向分辨率、（　　）种不同探测深度的测井曲线。

　　[A] 3，5　　　　[B] 4，5　　　　[C] 3，6　　　　[D] 4，6

2. MIT1530 阵列感应测井仪可以形成（　　）条原始曲线。

　　[A] 16　　　　[B] 15　　　　[C] 10　　　　[D] 14

3. MIT1531 阵列感应测井仪的 DC-DC 电源模块的（　　）V 地不用接到电子仪骨架上。

[A] ±5　　　　　[B] ±15　　　　　[C] 12　　　　　[D] 3.3

4. MIT1531 阵列感应测井仪在主刻度前 Temp1 与 Temp2 之间差值不能超过（　　）℃。

[A] 10　　　　　[B] 20　　　　　[C] 5　　　　　[D] 8

5. 3DIT6531 三维感应测井仪最远探测深度（　　）m。

[A] 3.0　　　　　[B] 2.5　　　　　[C] 2.0　　　　　[D] 1.5

6. 3DIT6531 三维感应测井仪设计了（　　）组接收线圈和 1 组发射线圈，每组线圈分别接收具有不同探测深度和不同纵向分辨率的地层信号的实分量和虚分量。

[A] 5　　　　　[B] 6　　　　　[C] 7　　　　　[D] 8

7. 3DIT6531 三维感应测井仪二级刻度电路由取样电路、选通开关、（　　）以及电阻衰减网络四部分构成。

[A] 驱动电路　　[B] 电流测量电路　　[C] 电压测量电路　　[D] 主控电路

8. FMI 测井图像上，一般井壁地层电阻率越大，其对应的颜色越（　　）。

[A] 深（暗）　　[B] 浅（亮）　　[C] 不变　　[D] 随机

9. FMI 电源短节 FBPC 上部接头 UH-1 与 UH-4 之间的电源变压器阻值是（　　）Ω 之间。

[A] 4.23～10.17　　[B] 12.46～16.86　　[C] 20.54～38.22　　[D] 45.56～60.32

10. FMI 探头 FBSS-B 马达 M1 是（　　）芯对公共端 UH-40 芯。

[A] UH-41　　[B] UH-46　　[C] UH-47　　[D] UH-48

11. MRIL-P 仪器在扫频时确定（　　）个中心频率，测井最多使用的 9 个频率。

[A] 2　　　　　[B] 3　　　　　[C] 4　　　　　[D] 5

12. MRIL-P 仪器在静止测量时，垂直分辨率是（　　）in。

[A] 50　　　　　[B] 6　　　　　[C] 24　　　　　[D] 12

13. 1515 阵列感应测井仪共有（　　）个子阵列。

[A] 4　　　　　[B] 5　　　　　[C] 6　　　　　[D] 7

14. 通过对 1515 阵列感应测井仪所测原始测量信号进行"软件聚焦"，就可得出（　　）种纵向分辨率和 6 种探测深度的阵列感应合成曲线。

[A] 2　　　　　[B] 3　　　　　[C] 4　　　　　[D] 5

15. 1515 阵列感应测井仪的纵向分辨率为（　　）。

[A] 1ft、2ft、3ft　　　　　[B] 1ft、2ft、4ft
[C] 1ft、2ft、5ft　　　　　[D] 1ft、2ft、6ft

16. 1515 阵列感应测井仪刻度时，要求仪器应该离其他金属物质（　　）ft。

  [A] 10　　　　[B] 20　　　　[C] 30　　　　[D] 15

17. 1515 阵列感应测井仪刻度时，要求仪器离地面至少（　　）ft。

  [A] 10　　　　[B] 20　　　　[C] 30　　　　[D] 15

18. 1515 阵列感应测井仪测量动态范围（　　）Ω·m。

  [A] 0.1～2000　　[B] 0.1～1000　　[C] 0.2～2000　　[D] 0.2～1000

19. 下面最适合连接在 1249XA 阵列侧向测井仪器下方作为 A4 电极的仪器是（　　）。

  [A] 2234 岩性密度　[B] 2446 补偿中子　[C] 1243 微侧向　[D] 1239 双侧向

20. 1025STAR 电阻率成像测井仪器的极板在相互独立推靠臂上，每个极板嵌有 24 个电扣，分成两排，每排 12 个，沿极板面测量的电极之间的水平间距是（　　）in。

  [A] 0.3　　　　[B] 0.1　　　　[C] 0.2　　　　[D] 0.5

21. 1671 声波井周成像测井仪器用来计算井眼半径的是流体慢度、延时、（　　）。

  [A] 传播时间　　[B] 声波幅度　　[C] 声波首波　　[D] 仪器直径

22. 1671 声波井周成像测井仪器延时是 2 个方向的传播时间，信号在充满油的旋转传感器和窗口之间传播，主刻对应有效的延时范围为（　　）μs。

  [A] 29～39　　[B] 20～50　　[C] 10～20　　[D] 50～60

23. 1671 声波井周成像测井仪器成像探头大约每秒转（　　）圈。

  [A] 1　　　　[B] 125　　　　[C] 5　　　　[D] 11

24. 1671 声波井周成像测井仪器磁力计板处理来自旋转探头的磁传感信号，并且提供（　　）信号。

  [A] MARK、TREF、NORTH　　　　[B] MARK、TREF、MOD

  [C] TREF、NORTH、BOD　　　　[D] MARK、NORTH、CAN

25. 1678BA 多极子阵列声波 P 波发射板功率场效应管并联连接以应付骨架上是电容器 C1 的放电电流，放电电流的峰值超过（　　）A。

  [A] 140　　　　[B] 240　　　　[C] 340　　　　[D] 440

26. 1678BA 多极子阵列声波电压提升板将电压提高到（　　）V，这个电压加到发射储能电容上。

  [A] 110　　　　[B] 210　　　　[C] 310　　　　[D] 410

27. 1678BA 多极子阵列声波加到偶极子发射器高压峰值是（　　）kV。

  [A] 1.4　　　　[B] 2.4　　　　[C] 3.4　　　　[D] 4.4

28. 1678BA 多极子阵列声波加到偶极子发射器的脉冲高压宽度是（　　）μs。

　　[A] 110　　　　　[B] 210　　　　　[C] 310　　　　　[D] 410

29. UIT5640 超声成像测井仪采用（　　）方式传输。

　　[A] DTB　　　　[B] CAN 总线　　[C] 脉冲方式　　[D] 模拟脉冲方式

30. UIT5640 超声成像测井仪 0.5MHz 探头每次发射（　　）个周期的声波脉冲。

　　[A] 1　　　　　　[B] 3　　　　　　[C] 5　　　　　　[D] 7

31. UIT5640 超声成像测井仪 1.5MHz 探头每次发射（　　）个周期的声波脉冲。

　　[A] 1　　　　　　[B] 3　　　　　　[C] 5　　　　　　[D] 7

32. UIT5640 超声成像测井仪地磁线圈输出后电子开关的作用为（　　）。

　　[A] 分频　　　　　[B] 倒向　　　　　[C] 相加　　　　　[D] 增益

33. UIT5640 超声成像测井仪的探头（　　）。

　　[A] 仅作为发射使用　　　　　　　　[B] 作为发射和接收两用

　　[C] 发射和接收由两组探头组成　　　[D] 仅为接收用

34. UIT5640 超声成像测井仪幅度或时间图在地磁同步时，图像从左至右方向为（　　）。

　　[A] 北东南西　　　[B] 北西南东　　　[C] 南东北西　　　[D] 南西东北

35. UIT6641 超声成像测井采用（　　）传输方式。

　　[A] CAN 总线　　　[B] DTB　　　　　[C] 模拟信号　　　[D] 半双工

36. UIT6641 超声成像测井仪发射电路采用的发射电压为（　　）V，以取得较高的发射信号和回波信号。

　　[A] 36　　　　　　[B] 360　　　　　[C] 240　　　　　[D] 180

37. UIT6641 超声成像测井仪控制电路板送出的信号是（　　）信号。

　　[A] 低电平为 +5V 的数字　　　　　　[B] 高电平为 +5V 的数字

　　[C] 低电平为 −5V 的数字信号　　　　[D] 高电平为 −5V 的数字信号

38. UIT6641 超声成像测井仪的核心是一个由压电晶体换能器组成的探头，同时（　　）。

　　[A] 沿井壁发射超声波

　　[B] 接收反射波

　　[C] 向井壁发射超声波并接收反射的回波

　　[D] 以上都不对

39. MPAL6621 多极子阵列声波测井仪接收通道电路中的（　　）是通道功能检测的标准信号源。

[A] 测试信号　　　[B] 独立信号　　　[C] 控制信号　　　[D] 合成信号

40. MPAL6621 多极子阵列声波测井发射储能电路由一个大功率限流电阻和一个储能电容构成，（　　）决定储能的能量的多少。

[A] 电容的大小　　　　　　　　　　[B] 电阻的大小
[C] 供电电压的高低　　　　　　　　[D] 发射晶体的容值

41. 单极子测量使用的声源一般为圆管状的，它一般作（　　）振动而向外辐射声波。

[A] 膨胀　　　[B] 收缩　　　[C] 延长　　　[D] 缩短

42. 偶极子源一般作弯曲振动产生弯曲模式波向外辐射，使井壁水平振动产生挠曲波，并正弦状沿井眼上传。在低频时，挠曲波以横波的速度传播，而在高频时，挠曲波以（　　）横波的速度传播。

[A] 高于　　　[B] 等于　　　[C] 低于　　　[D] 大于

43. 偶极子源在软地层井孔中激发起（　　）为主的波列。

[A] 横波　　　[B] 挠曲波　　　[C] 螺旋波　　　[D] 平面波

44. 在软地层井眼中单极子声源只能激发起（　　）和斯通利波。

[A] 横波　　　[B] 纵波　　　[C] 瑞利波　　　[D] 套管波

45. HAL6506 阵列侧向测井仪最深探测深度为（　　）m。

[A] 0.64　　　[B] 1.1　　　[C] 0.4　　　[D] 0.48

46. HAL6506 阵列侧向测井仪浅探测 AL_1 屏蔽电流电极为（　　）。

[A] $A_3（A_3'）$　　　[B] $A_1（A_1'）$　　　[C] $A_2（A_2'）$　　　[D] $M_0（M_0'）$

47. HAL6506 阵列侧向测井仪电极系共有（　　）个电极。

[A] 25　　　[B] 28　　　[C] 11　　　[D] 20

48. HAL6506 阵列侧向测井仪电极系位于中心的电极是（　　）。

[A] A_0　　　[B] A_1　　　[C] M_0　　　[D] A_2

49. HAL6506 阵列侧向测井仪中电子仪信号发生器电路产生（　　）种频率信号源。

[A] 5　　　[B] 6　　　[C] 4　　　[D] 8

50. HAL6506 阵列侧向测井仪刻度测试时，N 电极与上电子仪的（　　）芯连接。

[A] 10　　　[B] 7　　　[C] 8　　　[D] 9

51. ALT6507 方位阵列侧向测井仪垂直分辨率是（　　）m。

　　[A] 0.25　　　　[B] 0.5　　　　[C] 0.4　　　　[D] 0.7

52. ALT6507 方位阵列侧向测井仪一次下井可获得（　　）条方位电阻率曲线。

　　[A] 25　　　　[B] 30　　　　[C] 15　　　　[D] 20

53. MCI5570 微电阻率成像测井仪液压推靠器控制电路中，将推靠控制继电器的常闭状态设置为推靠器（　　）状态。

　　[A] 收拢　　　　[B] 打开　　　　[C] 禁止　　　　[D] 允许

54. MCI6575 宽动态微电阻率成像测井仪最大测速是（　　）m/h。

　　[A] 225　　　　[B] 360　　　　[C] 540　　　　[D] 900

55. MCI6575 宽动态微电阻率成像测井仪极板供电稳压部分在（　　）。

　　[A] 采集短节　　[B] 预处理短节　　[C] 推靠器　　[D] 极板内置电路

56. MCI6575 宽动态微电阻率成像测井仪激励源发射（　　）。

　　[A] 10kHz 正弦波　　[B] 10kHz 方波　　[C] 16kHz 正弦波　　[D] 16kHz 方波

57. MCI6575 宽动态微电阻率成像测井仪测井时，井下仪器从上到下的连接顺序是（　　）。

　　[A] 旋转短节、绝缘短节、三参数短节、遥传伽马短节、宽动态微扫仪器

　　[B] 旋转短节、三参数短节、绝缘短节、遥传伽马短节、宽动态微扫仪器

　　[C] 旋转短节、遥传伽马短节、绝缘短节、三参数短节、宽动态微扫仪器

　　[D] 旋转短节、三参数短节、遥传伽马短节、绝缘短节、宽动态微扫仪器

58. 核磁共振成像测井中 T_W 又叫作（　　）。

　　[A] 衰减时间　　[B] 等待时间　　[C] 回波时间　　[D] 弛豫时间

59. MRT6911 偏心核磁共振成像测井仪天线发射信号幅度大小，决定于发射激励电路模块应用 AM 信号和高压传感取样信号 HVsence 控制两个发射器模块输出的高压脉冲之间的（　　）。

　　[A] 相位差　　　　[B] 幅度差　　　　[C] 时间差　　　　[D] 大小

60. 产生核磁共振，应满足静磁场方向与交变电磁场方向的关系是（　　）。

　　[A] 垂直　　　　[B] 平行　　　　[C] 无关系

（二）多选题

1. MIT1530 阵列感应仪器车间刻度包括（　　）。

　　[A] 主刻度　　　　[B] 主校验　　　　[C] 半空间　　　　[D] 内刻度

2. MIT1531 阵列感应测井仪的电源模块 DC-DC 输出电压包括（　　）V。

[A] 3.3 　　　　　[B] ±5 　　　　　[C] ±15 　　　　　[D] 12

3. 3DIT6531 三维感应测井仪与阵列感应测井仪相比，除了能够提高斜井地层电阻率的测量精度外还有（　　）几个优势。

[A] 能够提高水平井的地层电阻率的测量精度

[B] 能够提供地层倾角大小信息

[C] 能够提供地层方位信息

[D] 能够提供地层各向异性信息

4. 3DIT6531 三维感应测井仪二级刻度电路由（　　）以及电阻衰减网络四部分构成。

[A] 取样电路　　　[B] 选通开关　　　[C] PHA 电路　　　[D] 驱动电路

5. FMI 一级保养主要工作有（　　）。

[A] 机械部分清洁保养　　　　　　[B] 电气部分通断绝缘检查

[C] FMI 仪器串通电检查　　　　　[D] FMI 仪器串加温检查

6. MRIL-P 仪器主要测量地层的参数包含（　　）。

[A] 测量孔径分布　[B] 地层渗透率　[C] 流体性质　　[D] 流体黏度

7. 1515 阵列感应测井仪发射部分是仪器的核心部分，发射控制器的主要功能是（　　）。

[A] 产生驱动发射器所需的逻辑

[B] 产生发送到采集系统的同步逻辑

[C] 产生控制仪器不同工作方式的开关逻辑（如 Log、CAl、Zero）

[D] 测量线圈系中两点处的温度，选择一种参考信号，存储与线圈系有关的数据

8. 1515 阵列感应测井仪 C30 电子线路板，能够串行采集所有的信号。它的功能是（　　）。

[A] 与地面进行通信　　　　　　　[B] 采集波形，进行压缩处理

[C] 与仪器的发射部分进行通信　　[D] 存储与线圈系有关的刻度数据

9. 1249XA 阵列侧向测井仪器的纵、横向分辨率更高，探测范围更广，能得到（　　）in 探测深度的曲线。

[A] 18 　　　　　[B] 26 　　　　　[C] 38 　　　　　[D] 74

10. 1249XA 阵列侧向测井仪控制器板，包含（　　）。

[A] 通信接口　　　　　　　　　　[B] 参考信号生成电路

[C] 数据采集电路　　　　　　　　[D] 控制电路

11. 1249XA 阵列侧向测井仪工作频率被选择为一个基频 15Hz 的整数倍。它们分别是（　　）Hz。

[A] 135　　　　[B] 105　　　　[C] 165　　　　[D] 195

12. 1671CBIL 环井眼成像测井仪器脉冲幅度分析器 PHA 板包含（　　）部分电路。

[A] 增益控制　　　　　　　　　　[B] 峰值探测和 A/D 转换
[C] 首播探测器　　　　　　　　　[D] 逻辑/控制

13. 1678MA 交叉多极子声波是求（　　）、（　　）和（　　）全波数据。

[A] 纵波　　　　[B] 横波　　　　[C] 斯通利波　　　[D] 方波

14. 1678BA 多极子阵列声波发射器电子线路包括（　　）。

[A] 发射电路/电压提升板　　　　　[B] P 波发射板
[C] S 波发射板　　　　　　　　　[D] 相敏检波板

15. 关于超声成像，以下说法正确的有（　　）。

[A] 为适应不同井况的测井要求，超声成像仪器配有 2 个不同频率的超声换能器
[B] 超声成像测井通过向井壁发射超声波并对井壁扫描，从而获得幅度成像和时间成像
[C] 超声成像测井的另一重要用途是在套管井中检查套管射孔
[D] 超声成像测井是一种能在油基钻井液中工作的成像测井方法

16. UIT6641 超声成像测井仪测井回波幅度的大小反映井壁介质的性质和井壁的结构：（　　）。

[A] 井壁介质的密度越大，反射的能量越大，则回波幅度越大
[B] 井壁介质的密度越小，反射的能量越小，则回波幅度越小
[C] 井壁介质的密度越大，反射的能量越小，则回波幅度越大
[D] 井壁介质的密度越小，反射的能量越大，则回波幅度越小

17. UIT6641 超声成像测井仪包括下井仪器和地面仪器两部分，下井仪器负责采集资料，而地面仪器则负责数据处理、保存数据和产生测井图像。下井线路功能模块包括（　　）和电源模块。

[A] 同步模块　　　　　　　　　　[B] 控制与传输模块
[C] 激励与接收模块　　　　　　　[D] 放大与检测模块

18. UIT6641 超声成像测井仪中磁通门同步电路是产生磁通门线圈的激励信号，可以分为（　　）部分。

[A] 周期方波信号产生电路 [B] 分频电路
[C] 直交流变换电路 [D] 功率放大电路

19. 关于 UIT6641 超声成像测井仪高压驱动电路，说法正确的有（ ）。
   [A] 当驱动电路的输出为低电平时，IRF840 截止，电路不工作
   [B] 当驱动电路的输出为高电平时，IRF840 截止，电路不工作
   [C] 在驱动电路的输出信号为短暂的高电平时，IRF840 导通
   [D] 在驱动电路的输出信号为短暂的低电平时，IRF840 导通

20. 以下 MPAL6621 多极子阵列声波测井仪信号的计算公式正确的有（ ）
   [A] 偶极：$R_{nX}=(X_2-X_1)$ $R_{nY}=(Y_2-Y_1)$
   [B] 单极：$M_n=(X_1+X_2)+(Y_1+Y_2)$
   [C] 四极：$Q_n=(X_1+X_2)-(Y_1+Y_2)$
   [D] 四极：$Q_n=(X_1+X_2)-(X_1-X_2)$

21. MPAL6621 多极子阵列声波测井仪接收电子线路的组成部分主要有（ ）。
   [A] 发射激励电路 [B] 信号接收处理电路
   [C] 遥传接口电路 [D] 数据采集与系统控制电路

22. 下列关于多极子声波仪器隔声体描述正确的有（ ）。
   [A] 隔声体是刚性多节蛤壳式机械衰减结构
   [B] 隔声体能在整个频率范围内有效地隔离声能量，保证仪器能在时差很大的软地层中进行慢度测量
   [C] 隔声体的挠性设计允许仪器在斜井和水平井中使用
   [D] 隔声体的作用主要在阻止直达波首先到达

23. HAL6506 阵列侧向测井仪深探测 AL_5，A_0 供主流，由 $A_1(A_1')$ 和（ ）供屏流，屏流返回到 $A_6(A_6')$。
   [A] $A_2(A_2')$ [B] $A_3(A_3')$ [C] $A_4(A_4')$ [D] $A_5(A_5')$

24. HAL6506 阵列侧向测井仪电极系承压结构包括（ ）。
   [A] 采用注油方式 [B] 应力弹簧
   [C] 压力平衡 [D] 电极之间采用端面密封

25. HAL6506 阵列侧向测井仪上电子仪电路主要包括（ ）。
   [A] 直流电源电路 [B] 主控制电路
   [C] 前置放大电路 [D] 测量放大电路

26. HAL6506 阵列侧向测井仪内刻度用于（ ）。
   [A] 车间刻度（主刻度） [B] 主验证

[C] 测前验证 [D] 测后验证

27. MCI5570 微电阻率成像测井仪测量原理可以描述为（　　）。

[A] 推靠器极板体发射交变电流，返回到仪器顶部的回路电极

[B] 推靠器极板体金属连接起到聚焦作用

[C] 极板中部的阵列电扣流出的电流垂直于极板外表面进入地层

[D] 测量阵列电扣上的电流大小，可以求出电扣正对着的地层区域电阻率的变化

28. MCI6575 宽动态微电阻率成像测井仪能够有效测井的井眼条件是（　　）。

[A] 裸眼井　　　[B] 套管井　　　[C] 油基钻井液　　　[D] 淡水钻井液

29. MRT6910 核磁共振测井仪发射浮地电源电路由（　　）、四个输出绕组变压器、四个整流电路和四个滤波器组成，为 FET DRIVER 提供 +15V 开关电源。

[A] 比较器　　　[B] 脉宽调制器　　　[C] 功率放大器　　　[D] 前置放大器

30. MRT6911 偏心核磁共振成像测井仪刻度后产生的校正系数有（　　）。

[A] 回波幅度校正系数　　　　　　[B] 增益校正系数

[C] 功率校正系数　　　　　　　　[D] T_2 时间校正系数

（三）判断题

1. MIT1530 阵列感应测井仪钻井液电阻率范围 $\geq 0.1\Omega \cdot m$。

2. MIT1530 阵列感应测井仪测量地层电导率信号。

3. MIT1531 阵列感应测井仪接收线圈产生相应感应电动势，其大小与地层电导率成正比关系。

4. MIT1531 阵列感应测井仪采集电路的 DSP 除了产生发射电路启动控制波形外，还完成温度、电压等辅助参数的采集与处理。

5. 3DIT6531 三维阵列感应测井仪适应盐水钻井液、淡水钻井液、油基钻井液、气体钻井流体等井眼条件。

6. 3DIT6531 三维感应测井仪发射电路为得到多频发射信号，并在不同子阵列上的不同频率信号大小基本一致，设计了 3 种发射频率，远阵列使用低、中频信号，近阵列使用高频信号，中阵列使用中、高频信号。

7. 3DIT6531 三维感应测井仪为了实时刻度，发射模块设计了一个电流取样电路，其取样信号送到接收短节作为三级刻度信号源。

8. FMI 仪器下井之前，必须检查探头液压油面，确保探头注满液压油，观察 FBSS-B 探头最底部的平衡活塞上的凹槽是否在侧面的观察口处。检查探头推靠臂

机械部分，确保固定螺钉、防退销螺钉完好并没有松动，确保链接销、防退卷销完好且处在正确的位置。

9. FMI 仪器将专用加油嘴拧入探头上部的加油孔，可完成探头液压部分的加油操作，一直到补偿活塞碰到泄压阀漏油为止。

10. MRIL-P 核磁探头天线既作为发射使用，也作为接收使用。

11. MRIL-P 核磁仪器不能在零下 20℃ 的温度下存放主要原因是防止探头永久消磁。

12. MRIL-P 仪器主要测量地层的氢原子，同地层的岩石骨架无关。

13. 1515 阵列感应探测深度是 10in、20in、30in、60in、90in、120in。

14. 1503 双感应八侧向是采集感应信号的实部分量，而 1515 阵列感应既采集实部分量也采集虚部分量。

15. 1515 阵列感应测井仪发射线圈与接收线圈之间的最大距离为 94in。

16. 1515 阵列感应测井仪有 7 个接收线圈，一个发射线圈，利用了 8 个频率，最后产生 5 条不同探测深度的电阻率。

17. 1515 阵列感应的 DSP 板有 8 个通道，信号来自 7 个接收线圈和 B-field。

18. 1249XA 阵列侧向测井仪测井时不需要居中测量。

19. 1249XA 阵列侧向测井仪测井时，仪器串中连接动力推靠臂的仪器时，必须将遥传 3514 仪器上端连接头更换成 BLOCK1。

20. 1025STAR 电阻率成像测井仪器测量每个纽扣电极发射的电流强度，地层的电阻率越高，电流强度也越大。

21. 1025STAR 电阻率成像测井仪器测量每个纽扣电极的电流变化，把电流电平转换成图像显示，反映井壁地层岩石结构的变化。

22. 1025STAR 电阻率成像测井仪器通常在 $7\frac{7}{8}$ 英寸直径的井中极板覆盖井眼约 59%。

23. 1671 声波井周成像测井仪器反射波时间成像测量值受钻井液慢度、仪器居中和凹凸影响大。

24. 1671 声波井周成像测井仪器发射脉冲信号来源是 TREF，TREF 是探头也来自旋转部分，这个信号是由旋转探头旋转齿轮上的磁传感器得到的。

25. 1678BA 多极子阵列声波连接到脉冲变压器次级的二极管，用于压制单极子换能振铃。

26. 1678BA 多极子阵列声波产生单一方向的声波波形的是单极子发射器。

27. 1678BA 多极子阵列声波产生全方位的声波波形偶极子发射器。

28. 1678MA 交叉多极子声波能够同时测量相差 180° 两个方向的偶极子信号。

29. UIT5640 超声成像测井是以反射波为信息载体的测井方法。

30. UIT5640 超声成像测井仪的扫描速度为 5 圈，采样点数为 256。

31. UIT5640 由于 100kbps 超声成像测井仪的透声窗采用聚四氟乙烯材料，在运输的过程中应避免磕碰。

32. UIT5640 超声成像测井仪中，探头频率越高则对探头放电的时间越长。

33. UIT6641 超声成像仪磁通门信号检测电路的功能是对接收到的磁通门线圈检测信号进行处理，从中得到反映地磁信号变化的磁通门信号，当声系旋转时，输出信号应该为 8Hz 的周期性数字方波。

34. UIT6641 超声成像仪 DSP 的功能包括：通过 CAN 接口与通信短节通信，将从 FPGA 中得到的检测数据传送给地面，并将地面发送的控制命令发送给 FPGA，控制 FPGA 的工作模式。

35. UIT6641 超声成像测井仪电源功能：电源模块负责提供换能器激励电压 +180V、模拟电路工作电压 ±15V 和 +3V、数字电路工作电压。

36. UIT6641 超声成像测井仪控制与传输测量功能：控制与传输模块实现时序产生和控制、AD 转换、数据 CAN 总线通信功能。

37. UIT6641 超声成像仪磁通门线圈的检测信号为 15kHz，但是其中夹杂了小的毛刺，其出现的频率为 30kHz，这个信号就是真正需要的地磁信号。

38. UIT6641 超声成像测井仪换能器为即发即收式换能器，500kHz 换能器晶片直径尺寸为 30mm，1000kHz 换能器晶片直径尺寸为 19mm。容值在 1000 ~ 2000pF 之间。

39. 偶极子源向井眼发射球面对称波。

40. 正交偶极子声波测井仪有两组偶极子声源—接收器阵列，一组指向 X 方向，另一组指向 Y 方向。多极子阵列声波测井仪的发射变压器位于发射电子短节内部。

41. 多极子阵列声波测井仪包括 32 个模拟信号通道、8 个数据采集通道。

42. 多极子阵列声波测井仪的各个短节分别是测控电子线路、接收声系、隔声体、发射声系、发射电子线路等。

43. 纵波又称为疏密波，是指在传播介质中质点的振动方向与波的传播方向平行的一类波，形成的波是疏密相间的波形。

44. 在两个接收器之间出现一个附加周期的旅行时的突然偏差就标志有周波跳跃的出现。

45. HAL6506 阵列侧向测井仪要求居中测井。

46. HAL6506 阵列侧向测井仪探测深度越深，工作频率越高。

47. HAL6506 阵列侧向测井仪采用恒功率方式控制屏流的大小。

48. HAL6506 阵列侧向测井仪前放大电路置于电极系内，有利于减小信号引线距离，提高信噪比。

49. HAL6506 阵列侧向测井仪聚焦控制电路选频电路完成本频率对应的信号通过，尽量压制工作频率以外的频率信号。

50. HAL6506 阵列侧向测井仪车间通过刻度（主刻度）产生刻度系数（乘加因子）。

51. ALT6507 方位阵列侧向测井仪能够在多维度剖面描述地层的非均质性和各向异性。

52. MCI5570 微电阻率成像测井仪极板电扣与极板体之间电位差近似为零。

53. MCI5570 微电阻率成像测井仪每个极板电扣和极板体之间都可以用兆欧表摇绝缘。

54. MCI6575 宽动态微电阻率成像测井仪采用六臂分动推靠方式。

55. MCI6575 宽动态微电阻率成像测井仪极板内置电路电扣信号是非常微弱的信号。

56. MCI6575 宽动态微电阻率成像测井仪极板压力大小 PF 值与测井图像质量无关。

57. 核磁共振成像测井使核自旋从高能级的非平衡状态恢复到低能级的平衡状态过程叫弛豫。

58. MRT6910 核磁共振前置放大器电路接收核磁共振回波信号和标准刻度信号，并对接收到的信号进行放大。

59. MRT6910 核磁共振天线接口模块的功能只是当发射脉冲后使天线断电，从天线到前置放大器传送核磁共振信号。

60. MRT6911 偏心核磁共振成像测井仪通过继电器的不同吸合，以接通各不同共振频率所需的调谐电容，从而实现梯度磁场中多种频率测量。

（四）参考答案

单选题

1. A；2. D；3. D；4. A；5. A；6. C；7. A；8. B；9. B；10. D；11. D；12. C；13. D；14. B；15. B；16. C；17. A；18. A；19. C；20. B；21. A；22. A；23. D；24. A；25. A；26. D；27. B；28. B；29. A；30. C；31. B；32. B；33. B；34. A；35. A；

36. D；37. B；38. C；39. A；40. A；41. A；42. C；43. B；44. A；45. A；46. B；47. A；48. A；49. ；B；50. D；51. A；52. B；53. A；54. C；55. B；56. C；57. A；58. B；59. A；60. A

多选题

1. ABC；2. ABC；3. ABCD；4. ABD；5. ABC；6. ABCD；7. ABCD；8. ABC；9. ABCD；10. ABCD；11. ABCD；12. ABCD；13. ABC；14. ABC；15.ABCD；16.AB；17.ABCD；18.ABCD；19. AC；20.ABC；21.BCD；22.ABCD；23. ABCD；24. ABCD；25. AB；26. ABCD；7. ABCD；28. AD；29. ABC；30. ABC

判断题

1. √；2. √；3. √；4. √；5. ×；6. √；7. ×；8. √；9. √；10. √；11. √；12. √；13. √；14. √；15. √；16. ×；17. √；18. ×；19. √；20. ×；21. √；22. √；23. √；24. √；25. √；26. ×；27. ×；28. ×；29. √；30. √；31. √；32. ×；33. ×；34. √；35. ×；36. √；37. √；38. √；39. ×；40. √；41. ×；42. √；43. √；44. √；45. √；46. ×；47. √；48. √；49. √；50. √；51. √；52. √；53. ×；54. √；55. √；56. ×；57. √；58. √；59. ×；60. √

五、专业知识：裸眼井常规测井仪系列

（一）单选题

1. DLL1505 双侧向测井仪浅侧向径向探测深度是（　　）m。

   [A] 0.4　　　　[B] 0.7　　　　[C] 1.0　　　　[D] 0.1

2. DLL1505 双侧向测井仪辅助监控放大器放大作用是使深侧向（　　）电极电位近似相等。

   [A] A_1、A_2　　[B] M_1、M_2　　[C] N、B　　[D] A_0、M_1

3. DLL1505 双侧向测井仪电压测量电路测量（　　）电极与 N 之间的电位差。

   [A] M_1　　　　[B] M_2　　　　[C] A_1　　　　[D] A_2

4. DLL1505 双侧向测井仪主刻度表工程值是在给定屏流输出情况下的电压电流测量电路（　　）的值。

   [A] 带通滤波输入端　　　　　　　　[B] 输入端

   [C] 输出端　　　　　　　　　　　　[D] 带通滤波输出端

5. DLL1505 双侧向测井仪相敏检波电路采用的主要检波器件是（　　）。

[A] 场效应管　　　　[B] 运算放大器　　　[C] 模拟开关　　　[D] 与非门

6. DLL1505 双侧向测井仪深侧向电极系数是（　　）。

　　[A] 0.89　　　　　[B] 1.33　　　　　[C] 1.45　　　　　[D] 0.83

7. TTMR1521 张力井温钻井液电阻率短节，钻井液电阻率发射输出波形是（　　）。

　　[A] 正弦波　　　　[B] 方波　　　　　[C] 三角波　　　　[D] 锯齿波

8. TTMR1521 张力井温钻井液电阻率短节张力测量的是（　　）。

　　[A] 天滑轮张力　　　　　　　　　　　[B] 缆头张力

　　[C] 天滑轮张力+缆头张力　　　　　　[D] 以上都不是

9. TTMR1521 张力井温钻井液电阻率短节，钻井液电阻率通过电极（　　）进入钻井液建立电场。

　　[A] 1、4　　　　　[B] 1、2　　　　　[C] 2、3　　　　　[D] 2、4

10. 自然电位信号从硬电极自然电位电极通过（　　）传到地面。

　　[A] CTGC1502 遥传伽马短节　　　　　[B] 双侧向测井仪

　　[C] 电极系测量短接　　　　　　　　　[D] 三参数

11. CTGC1502 遥传伽马短节调制解调板，两个运放 OPA211 构成（　　）阶切比雪夫滤波器低通滤波器。

　　[A] 一　　　　　　[B] 二　　　　　　[C] 三　　　　　　[D] 四

12. DIL6520 双感应八侧向测井仪线圈系有（　　）组感应线圈。

　　[A] 10　　　　　　[B] 11　　　　　　[C] 8　　　　　　　[D] 5

13. CCIT15421 井径连斜电子线路短节井径电路是一个恒流源电路，电流约为（　　）mA。

　　[A] 12　　　　　　[B] 30　　　　　　[C] 20　　　　　　[D] 5

14. 电阻率测量值是确定储层（　　）的基础。

　　[A] 含油气饱和度　[B] 孔隙度　　　　[C] 渗透类别　　　[D] 地层压力

15. 微球聚焦测井的主要目的是确定（　　）电阻率。

　　[A] 原状地层　　　[B] 冲洗带　　　　[C] 过渡带　　　　[D] 侵入带

16. 某一梯度电极系，电极系系数为 150m，供电电流为 30mA，已知某一岩性地层的电阻率为 300Ω·m，测量电极在该地层的电位读值是（　　）mV。

　　[A] 40　　　　　　[B] 50　　　　　　[C] 60　　　　　　[D] 80

17. 5700 系统在更换电缆后，我们需要对 3514 的命令通道的信号进行调节，理想情况下是调节信号放大使 COMP_IN 信号到（　　）。

　　[A] 3～5V_{pp}　　[B] 6～8V_{pp}　　[C] 8～10V_{pp}　　[D] 10～15V_{pp}

18. LDLT5450 岩性密度测井仪将高压调为 –1600V（地面窗口高压设置固定为 1120V）时，滑板电子仪前置放大器板长、短源距 LSOUT、SSOUT 脉冲幅度输出为：（　　）。

  [A] 3.0V ± 0.2V [B] –3.0V ± 0.2V [C] 3.7V ± 0.2V [D] –3.7V ± 0.2V

19. LDLT5450 岩性密度测井仪将高压调为 –1600V 的情况下（地面窗口高压设置固定为 1120V），电子线路主放大板长、短源距 LS PLUSE、SS PLUSE 脉冲幅度输出为：（　　）。

  [A] 3.0V ± 0.2V [B] –3.0V ± 0.2V [C] 3.7V ± 0.2V [D] –3.7V ± 0.2V

20. LDLT5450 岩性密度测井仪 CPU 板按 100KB/s 的速率向地面传送数据，一帧数据包含（　　）个字节。

  [A] 16 [B] 20 [C] 24 [D] 32

21. 二级维保时，LDLT6450 岩性密度测井仪器探测器部分和电子线路放在 175℃恒温箱中进行最少半小时的温度测试。监控 SS 和 LS 计数率，使它们在 175℃与室温时偏差小于（　　）。

  [A] 5% [B] 10% [C] 15% [D] 3%

22. Am–Be 中子源发出的快中子平均能量为（　　）MeV。

  [A] 4 [B] 4.5 [C] 6 [D] 14

23. 补偿中子探测的主要是（　　）。

  [A] 热中子 [B] 超热中子 [C] 快中子 [D] 慢中子

24. CNLT5420 补偿中子从高能量的快中子衰减到低能量的热中子。这些热中子部分进入热中子探测器，进入热中子探测器的热中子的平均能量是（　　）eV。

  [A] 25 [B] 2.5 [C] 0.25 [D] 0.025

25. 伽马射线探测的物理基础是（　　）。

  [A] 电子对效应 [B] 光电效应 [C] 康普顿效应 [D] 都不是

26. 1677EA 声波通用电子线路仪器 CPU 板上电复位信号是（　　）。

  [A] 0VDC [B] –3.3VDC [C] 3.3VDC [D] 大于 4.4VDC

27. 4401XB 方位短节的质量监控 QM 参数是 3 个磁力计的数据计算出本地地磁场的（　　）。

  [A] 磁偏角 [B] 倾角 [C] 斜角 [D] 磁倾角

28. 4401XB 方位短节的仪器质量监控 QA 参数是 3 个重力计的矢量和，它的范围是（　　）mGs ± 10mGs。

  [A] 500 [B] 1000 [C] 2000 [D] 1000

29. 从 TCC 仪器传来的握手信号是（　　）μs 宽的低电平信号。

　　[A] 20　　　　　[B] 80　　　　　[C] 100　　　　　[D] 12.5

30. 声波皮囊中注满变压器油是为了（　　）。

　　[A] 减震和压力平衡　　　　　　　[B] 声耦合和减震

　　[C] 声耦合　　　　　　　　　　　[D] 声耦合和压力平衡

31. 补偿声波发射驱动电路瞬间短路放电脉冲，该脉冲经发射变压器升压，在次级出现一个约（　　）V 的高压脉冲。

　　[A] 4000　　　　[B] 2000　　　　[C] 5000　　　　[D] 3000

32. BCA5601 补偿声波当 GATE 为低电平时，抑制了（　　）干扰，从而使发射瞬间的（　　）趋于平直。

　　[A] 发射、放射波　　　　　　　　[B] 基线、直达波

　　[C] 发射、直达波　　　　　　　　[D] 发射、基线

33. 对于 BCA5601 补偿声波仪器来说，（　　）之间的距离称其为源距。

　　[A] 发射探头到邻近的接收探头　　[B] 两个接收探头

　　[C] 两个发射探头　　　　　　　　[D] 发射探头到较远的接收探头

34. BCA5601 补偿声波发射晶体的延迟时间是（　　）。

　　[A] 17ns　　　　[B] 17μs　　　　[C] 1.7ms　　　　[D] 17s

35. DAS1545 数字声波测井仪发射探头采用一个（　　）压电换能器，激励变压器也安装在声系内，以降低 21 芯承压盘的电压耐受值。

　　[A] TG-5700　　[B] YTG-4700　　[C] YTG-3700　　[D] YTG-2700

36. DAS1545 数字声波测井仪数据采集筒是一个承压筒体，分布安装在声系内的接收换能器阵列中，每个接收探头对应（　　）数据采集筒。

　　[A] 一个　　　　[B] 两个　　　　[C] 三个　　　　[D] 四个

37. DAS1545 数字声波测井仪接收磁定位器送来的套管接箍信号，进行（　　）数字化后，再与声波波列数据一起打包送到地面。

　　[A] 数字转换　　[B] 模块转换　　[C] 数模转换　　[D] 模数转换

38. DAS1545 数字声波测井仪采集转发模块用于通过内部（　　）收集承压采集筒送来的数字声波信号并数字化、接收地面处理并采集磁定位短节的 CCL 信号和通知下电路进行发射。

　　[A] DTB 接口电路　　　　　　　　[B] CAN 总线

　　[C] 时钟信号　　　　　　　　　　[D] DSIG 信号

39. DAS1545 数字声波测井仪发射控制模块用于通过 CAN 总线上电子线路送来的数字声波发射（　　），在发射变压器的配合下产生电脉冲激励发射换能器进行声脉冲发射。

[A] 启动信号　　　[B] 逻辑信号　　　[C] 标记信号　　　[D] 控制信号

40. DAS1545 数字声波测井仪下部电子线路短节电路板的功能是接收由上部电子线路传来的发射命令产生（　　）去激励发射探头。

[A] 高压脉冲　　　[B] 低压脉冲　　　[C] 正脉冲　　　[D] 负脉冲

（二）多选题

1. 适合 DLL1505 双侧向测井仪测井的井眼条件是（　　）。

   [A] 油基钻井液　　[B] 裸眼井　　[C] 盐水钻井液　　[D] 淡水钻井液

2. DLL1505 双侧向测井仪由地面发出控制命令字可以有（　　）工作状态。

   [A] 高刻度状态　　　　　　　　[B] 低刻度状态
   [C] 测井状态的井下 N　　　　　[D] 测井状态的地面 N

3. DLL1505 双侧向测井仪电极系上下对称的两对屏蔽电极包括（　　）。

   [A] A_1（A_1'）　[B] M_1（M_1'）　[C] M_2（M_2'）　[D] A_2（A_2'）

4. DLL1505 双侧向测井仪数据采集电路板提供侧向（　　）的控制信号。

   [A] 测量电路　　　　　　　　　[B] 深侧向屏流电路
   [C] 继电器换挡　　　　　　　　[D] 浅侧向屏流电路

5. CTGC1502 遥传伽马短节信号调制和编码方式是（　　）。

   [A] COFDM　　　[B] QAM　　　[C] DQPSK　　　[D] RS

6. CTGC1502 遥传伽马短节调制解调板，模拟开关采用并联形式主要是（　　）。

   [A] 增加冗余　　[B] 降低导通电阻　　[C] 增大导通电阻　　[D] 提高输入阻抗

7. CCIT15421 井径连斜电子线路短节传感器处理板包括（　　）采集处理电路。

   [A] 三路加速度计　[B] 三路磁力计　[C] 一路温度信号　[D] 井径信号

8. 下列有（　　）仪器不适合于油基钻井液中使用。

   [A] 双侧向　　　[B] 阵列侧向　　　[C] 阵列感应　　　[D] 普通电极系

9. 1239 双侧向测井仪器的检测电路包括以下主要部分（　　）。

   [A] 电压前置放大　[B] 电流前置放大　[C] 相敏检波　[D] 反馈电路

10. 1239EA 双侧向仪器电子线路主要有以下电路模块：（　　）。

    [A] 前置放大　　[B] 深浅驱动　　[C] 深浅参考　　[D] 电流测量

11. 1239 双侧向仪器在测井仪器串上作为 A2 电极的有（   ）。

    [A] 3516   [B] 1239EA

    [C] 1239MA 下部仪器   [D] 电缆

12. 3514 在连接系统检查时，3514 自身通信正常，用跨接线连接下部仪器 1677EA 声波电子线路无法建立通信，分析可能的故障是（   ）。

    [A] 1677EA 本身   [B] 3514 的 CPU 板   [C] 跨接线连接   [D] 地面增益调节

13. LDLT5450 岩性密度测井仪测量的曲线有：（   ）。

    [A] 地层体积密度 ρ_b [B] 光电吸收系数 P_e

    [C] 密度校正曲线 $\Delta\rho$ [D] 井径曲线 d

14. 2228 岩性密度仪器主刻度要完成以下几部分（   ）。

    [A] 能量刻度   [B] 密度刻度   [C] 孔隙度刻度   [D] P_e 值刻度

15. EILOG 补偿声波信号放大板中输入变压器的功能为（   ）。

    [A] 隔离   [B] 抑制共模干扰   [C] 提升电压   [D] 降低电压

16. 三总线包括：（   ）。

    [A] DSIG 信号   [B] UCLK 信号

    [C] UP_DATE_GO 信号   [D] GATE 信号

17. 声系系统是声波测井仪的关键部件，发射探头承担着（   ），接收探头承担着（   ）的作用。

    [A] 将电平信号转换为声信号   [B] 将电磁波信号转换为声信号

    [C] 将电脉冲信号转换为声信号   [D] 将声信号转换为电信号

18. DAS1545 数字声波测井仪采集筒内安装有一个前端采集模块，主要对接收探头传来的声波信号进行（   ），并通过内设的 CAN 总线送到采集转发模块中，同时接收上电子线路采集转发模块的控制命令。

    [A] 放大   [B] 采集波形   [C] 波形数字化   [D] 整形

19. DAS1545 数字声波测井仪下电子线路短节的功能是接收上电子线路送来的控制命令信息，在发射变压器配合下，产生电脉冲激励发射换能器进行声脉冲发射，它包括（   ）两部分。

    [A] 低压电源模块   [B] 发射模块

    [C] AC/DC 电源模块   [D] 发射控制

20. DAS1545 数字声波测井仪 AC/DC 电源模块又称为高压电源模块用于为发射控制模块提供电源，主要包括一个 150V 至 400V 连续可调的程控高压电源，还提供（   ）V 低压电源和用于 CAN 驱动器的隔离的（   ）V 电源。

[A] 5　　　　　　[B] 15　　　　　　[C] 3.3　　　　　　[D] 12

（三）判断题

1. DLL1505 双侧向测井仪电极系电极与绝缘体之间采用端面密封。

2. DLL1505 双侧向测井仪采用 2 点刻度，是对电压电流测量电路进行刻度。

3. DLL1505 双侧向测井仪数据采集电路板上传数据和下传命令。

4. DLL1505 双侧向测井仪深浅屏流电路中的带通滤波是将方波信号转为正弦波信号。

5. DLL1505 双侧向测井仪测井时电压测量参考点"N"，包括"井下 N 电极"和"地面 N 电极"，通常要求采用"地面 N 电极"。

6. DLL1505 双侧向测井仪测井时，浅侧向曲线正常，深浅侧向内刻度正常，而深侧向 Vd、Id 为 0，这种情况可能是深侧向的电流回路不通。

7. DLL1505 双侧向测井仪测井时绝缘短节可以直接放在侧向仪器的上端。

8. TTMR1521 张力井温钻井液电阻率短节电源由遥传短节提供。

9. TTMR1521 张力井温钻井液电阻率短节探头上下两端都采用承压插头密封。

10. TTMR1521 张力井温钻井液电阻率短节电阻率采用内刻度作主刻度。

11. CTGC1502 遥传伽马短节和地面调制解调板通过 7 芯测井电缆连接，电缆按 T5 模式分配。

12. CTGC1502 遥传伽马短节方式变压器 2 个中心抽头在与核磁仪器连接时是短路的。

13. DIL6520 双感应八侧向测井仪线圈系是采用皮囊结构的压力平衡系统。

14. CCIT15421 井径连斜电子线路短节可以单独连接到仪器串进行连斜的测量。

15. CCIT15421 井径连斜电子线路短节在执行推收命令时，上下 31 芯插头座的 2#、10# 导通。

16. 钻井液矿化度与地层水矿化度相近时，SP 幅度变化明显。

17. 1239 双侧向仪器工作中，深侧向屏流工作频率 128Hz。

18. 1239 双侧向仪器工作中，浅侧向屏流工作频率 32Hz。

19. 1239 双侧向仪器检测过程中，电压和电流值，不能是负值，当电阻率很高时，电流值可能会趋于零。

20. 5700WTS 下井仪器之间的模式变压器和主供电变压器都以并联方式接入仪器总线。

21. LDLT6450 岩性密度测井仪电子仪工作过程也是由地面计算机系统控制的，

地面系统经电缆对 LDLT6450 发出指令，调节高压电源，控制马达供电。

22. 把一只 ^{137}Cs 源放在 LDLT6450 岩性密度测井仪器 SS 窗口观察其 SS 缓冲器脉冲输出。这只脉冲的幅度值应该是 –3.0V ± 0.2V，并且不是平顶的。

23. 补偿中子测井仪周围没有中子源时，应该没有计数。

24. 补偿中子测井仪长、短源距计数率比值和孔隙度呈线性关系。

25. 光电倍增管输出信号引线越长，信噪比越差。

26. 1677EA 声波通用电子线路仪器 CPU 板在仪器上电后观察 DS2（红 LED）、DS3（绿 LED），其中任一个 LED 不亮，说明该 CPU 板出现故障。

27. 1677EA 声波通用电子线路仪器连接测井系统建立 M5 通信后，观察 CPU 板 DS3（绿 LED）长亮，表明仪器工作正常。

28. 1680MA 数字声波测井仪器发射接口电路有 6 个大功率 FET 场效应管，驱动信号加到场效应管的栅极上时，控制场效应管的快速导通和截止。

29. BCA5601 声波仪器逻辑解码的同步信号从主放大的末级加入，使声波信号加上发射标记脉冲。

30. BCA5601 声波当 GATE 为低电平时，抑制了发射干扰，从而使发射瞬间的基线趋于平直。

31. 声波测量中纵波是一种典型的纵向波，波的传播方向与质点位移方向垂直。

32. 声波仪器不能长时间在空气中供电。

33. 声波传播时间与地层密度没有直接关系，即地层的密度不会影响声波的传播时间。

34. 采用双发双收声波补偿的目的主要是消除井眼大小、井斜以及采样点的深度误差而产生的测量误差。

35. DAS1545 数字声波测井在测井过程中扶正器绑在声窗上对测井效果没有影响。

36. DAS1545 声波仪器在测井过程中渗透层不得出现无关的跳动，出现周波跳跃，应降低测速重复测量。

37. DAS1545 数字声波测井仪声系绝缘性的检查，可以使用兆欧表进行绝缘检查。

38. DAS1545 数字声波测井仪声系中还安装了监视声系内温度的温度传感器。

39. DAS1545 数字声波测井仪共有 5 个接收探头，因此对应有 5 个前端采集模块，每个模块分配有不同地址。

40. DAS1545 数字声波测井仪采用的通信方式是 CAN 总线。

（四）参考答案

单选题

1. A；2. A；3. B；4. B；5. C；6. A；7. A；8. B；9. A；10. A；11. D；12. B；13. A；14. A；15. B；16. C；17. C；18. B；19. C；20. B；21. A；22. B；23. A；24. D；25. B；26. D；27. D；28. B；29. B；30. D；31. D；32. D；33. A；34. B；35. A；36. A；37. D；38. B；39. D；40. A

多选题

1. BCD；2. ABCD；3. AD；4. BCD；5. ABCD；6. AB；7. ABC；8. ABD；9. ABCD；10. ABCD；11. BC；12. ACD；13. ABCD；14. ABD；15. AB；16. ABC；17. CD；18. ABC；19. CD；20. ABC

判断题

1. √；2. √；3. √；4. √；5. √；6. √；7. ×；8. √；9. √；10. ×；11. √；12. ×；13. ×；14. √；15. ×；16. ×；17. × 18. × 19. √ 20. √ 21. √ 22. √ 23. √；24. × 25. √ 26. √ 27. × 28. √；29. √；30. × 31. ×；32. √；33. × 34. √；35. ×；36. √；37. ×；38. √；39. √；40. √

六、专业知识：特殊测井仪系列

（一）单选题

1. LOGIQ 高温小井眼双侧向 HEDL 浅侧向工作频率是深侧向的（　　）。
   [A] 5 倍　　　　[B] 6 倍　　　　[C] 4 倍　　　　[D] 8 倍

2. LOGIQ 高温小井眼阵列感应 HACRt 使用的刻度电阻阻值为（　　）Ω。
   [A] 0.407　　　[B] 0.417　　　[C] 0.427　　　[D] 0.437

3. LOGIQ 高温小井眼阵列感应 HACRt 接收器线圈（　　）个。
   [A] 7　　　　　[B] 6　　　　　[C] 8　　　　　[D] 3

4. LOGIQ 高温小井眼 HWST 阵列声波共有（　　）个接收晶体。
   [A] 24　　　　[B] 32　　　　[C] 64　　　　[D] 16

5. FITS 过钻具系统采用（　　）供电、遥传通信电缆（　　）模式。
   [A] 直流，复用　　[B] 交流，复用　　[C] 交流，单芯　　[D] 直流，单芯

6. FITS 数据读取测试盒给仪器供电电压为（　　）VDC。

[A] 220　　　　　　[B] 65　　　　　　[C] 56　　　　　　[D] 72

7. FITS 存储式测井在下钻过程中，如果遇阻或者上提遇卡可以以小于（　　）r/min 的转速转动钻具以及上下缓慢活动钻具。

[A] 10　　　　　　[B] 20　　　　　　[C] 30　　　　　　[D] 40

8. FITS 过钻具测井系统具有电缆测井和无缆存储测井两个模式，配套了电缆、（　　）和回收式钻杆保护套工器具及相应的三种施工工艺，适用于不同井型、井况、井眼条件下的裸眼井测井资料采集及储层评价。

[A] 投棒过钻杆　　　　　　　　　　[B] 水力泵送过钻杆（头）
[C] 数控脉冲释放　　　　　　　　　[D] 数控定时释放

9. ThruBit 的 TBDOT 释放器上端 60V 供电引脚是（　　）。

[A] B 对 D　　　[B] A 对 C　　　[C] A 对 F　　　[D] A 对 B

10. ThruBit 的 TBSG 谱峰分为（　　）道。

[A] 128　　　　　[B] 256　　　　　[C] 512　　　　　[D] 1024

11. ThruBit 的 TMG 伽马测量范围是（　　）。

[A] 0～800API　　[B] 0～1000API　　[C] 0～1200API　　[D] 1～1400API

12. ThruBit 的 TBDS 阵列声波接收晶体有（　　）个 belt。

[A] 1　　　　　　[B] 2　　　　　　[C] 3　　　　　　[D] 4

13. 地层元素测井仪器探测器接收从地层来的伽马射线，将其转换成电压信号，供给信号控制电路处理，探测器是（　　）。

[A] NaI 晶体　　　　　　　　　　[B] CsI 晶体
[C] BGO 闪烁探测器　　　　　　　[D] 中子管

14. 1338FLEX 地层元素测井仪器采用的中子源是（　　）。

[A] 脉冲中子发生器　　　　　　　[B] Am-Be 中子源
[C] ^{137}Cs　　　　　　　　　　[D] ^{241}Am

15. 斯伦贝谢 ECS 地层元素测井仪器探测器在 60℃以上，BGO 晶体的分辨率迅速下降。在高温井中测井作业前，冷却仪器通常注入（　　）。

[A] 氮气　　　　　[B] 二氧化碳　　　[C] 氢气　　　　　[D] 氧气

16. ECS 冷却时，如果 20～30min 后温度在 -20℃下没有稳定，再次注入 CO_2 持续 1～2min，同时不断监测注射过程中的温度，等待 20～30min，以验证温度是否稳定在 -20℃。重复此步骤，直到仪器温度稳定在 -20℃，推荐最低冷却温度（　　）℃。

[A] 60　　　　　　[B] 20　　　　　　[C] -20　　　　　[D] -28

(二) 多选题

1. LOGIQ 高温小井眼阵列感应 HACRt 发射线圈三个工作频率（　　）kHz。
   [A] 12　　　　　　[B] 36　　　　　　[C] 72　　　　　　[D] 144

2. LOGIQ 高温小井眼阵列感应 HACRt 可以输出径向深度曲线 90in 和（　　）in。
   [A] 10　　　　　　[B] 20　　　　　　[C] 30　　　　　　[D] 60

3. FITS 过钻具系统由（　　）、井下工具、辅助短节和配套工具六部分组成。
   [A] 地面系统　　　　　　　　　　　[B] 井下仪器
   [C] 刻度及计量器具　　　　　　　　[D] 笔记本电脑

4. FITS 仪器二级维保三级检修启动条件包括（　　）。
   [A] 50 井次
   [B] 1 年
   [C] 高温（超过仪器额定作业温度 80%）作业 10 井次
   [D] 硫化氢井作业

5. ThruBit 的 TMG 存储的数据可包含下列（　　）仪器测量的数据。
   [A] TBD　　　　　[B] TBN　　　　　[C] TBIT　　　　　[D] TBSG

6. ThruBit 的 TBIT 阵列感应关键部位检查包括密封部位和（　　）几部分。
   [A] 外壳　　　　　[B] 承重部位　　　[C] 连接部位　　　[D] 承压薄弱部位

7. ECS 地层元素测井仪器通电检查时，要注意观察（　　）参数。
   [A] ECS 能谱谱线　[B] 本底计数率　　[C] 内部温度　　　[D] 井径大小

8. ECS 元素测井仪使用要求（　　）。
   [A] 根据作业井深和工作时间预设 ECS 探头降温温度，采用逐步降温的方式对仪器降温，最低温度不得低于 −28℃
   [B] ECS 探头测井允许最高温度为 60℃，测井时探头温度达到 60℃应终止测井作业，断电起出井口，对仪器冷却降温后再次入井测井作业
   [C] 在探头温度高于 60℃情况下严禁给仪器通电，应先用探头温度测试盒测试探头温度，确认探头温度已降温至 60℃以下，然后进行通电操作，确保仪器使用安全
   [D] 需要分段作业完成测井任务的，作业前应向现场相关方详细介绍仪器性能指标以及需分段测井的理由，取得相关方的理解和支持

（三）判断题

1. LOGIQ 高温小井眼双侧向 HEDL 中自然电位信号为数字信号。

2. LOGIQ 高温小井眼岩性密度 HSDL 探头有极板推靠和在线式两种配置。

3. LOGIQ 高温小井眼四臂井径 HHCS 四臂井径适用最高温度 260℃，最大压力 207MPa。

4. LOGIQ 高温小井眼遥传 H4TG 仪器辅电是供直流电。

5. FITS 测井配重作为水平井声波测井质量保证的关键短节，应与相应的扶正器配套使用。

6. FITS 双侧向电极系是否缺油应按压 A1 电极内皮囊无弹性，表示缺油，需要补油。

7. FITS 悬挂器 5in 钻杆采用内卡 62mm 和挂套 65mm，如果内卡内径增大 0.1mm 或挂套外径减小 0.1mm，必须更换。

8. FITS TFJ 柔性短节检查油面时，测量皮囊外表面到过滤外壳，距离为 3.5～5.5mm 适宜，大于 5.5mm 为亏油状态，小于 3.5mm 为过油状态。

9. ThruBit 的 TBHD 安装耐压外壳到芯轴上时，不需刻度线对齐，安装到位即可。

10. ThruBit 的 TBSG 能谱仪器是双探头设计。

11. ThruBit 的 TBSG 能谱的两个刻度点分别距仪器最下端的距离为 38.7in 和 48.7in。

12. ThruBit 的 TBIT 阵列感应测井前不需要转动玻璃钢外壳。

13. FEM6461 地层元素测井仪能量刻度利用已知能量的伽马射线源测出能量和峰位的关系，确定准确的峰值。

14. 对全谱分析技术而言，能谱形状的稳定非常关键，通常做法是通过调节探测器高压，保证输出脉冲不随温度发生变化，保持能谱形状稳定。

15. ECS 仪器 CO_2 冷却时，非冷却操作人员可以在仪器周围区域。

16. ECS-A 仪器自身带有 0.2μCi 活性的 Cs^{137} 稳谱源，在测井中使用 16Ci 活性的 AmBe241 中子源，有辐射危害。

（四）参考答案

单选题

1. D；2. B；3. B；4. B；5. A；6. D；7. A；8. C；9. D；10. B；11. B；12. D；

13. C；14. A；15. B；16. D

多选题

1. ABC；2. ABCD；3. ABC；4. ABCD；5. ABCD；6. ABCD；7. ABC；8. ABCD

判断题

1. ×；2. √；3. √；4. ×；5. √；6. ×；7. ×；8. √；9. ×；10. √；11. √；12. ×；13. √；14. √；15. ×；16. √

七、专业知识：套管井测井仪系列

（一）单选题

1. 涡轮流量计分别采用上提、下放方式以（　　）种不同的电缆速度测出不同的涡轮转数。

   [A] 2　　　　　[B] 4　　　　　[C] 6　　　　　[D] 8

2. 生产测井中含水率是指单位时间内通过管柱某一截面水流相体积和（　　）体积之比。

   [A] 水、油流相　[B] 水、气流相　[C] 油、气流相　[D] 全体流相

3. 七参数产注剖面测井仪采用（　　）传输方式。

   [A] 电流　　　　[B] 电压　　　　[C] 不归零　　　[D] 曼彻斯特码

4. SWFL 多功能水流测井仪中子发生器发射的快中子用来活化氧原子核以产生（　　）。

   [A] γ 射线　[B] X 射线　　　[C] β 射线　　[D] α 射线

5. TCFR6561 过套管电阻率测井仪数据采集由一个主 DSP、二个协 DSP 组成的采集电路，A/D 转换分辨率是（　　）位。

   [A] 8　　　　　[B] 12　　　　　[C] 16　　　　　[D] 24

6. 宽能域中子-伽马能谱测井仪的长、短距中子-伽马能谱探头都采用（　　）道能谱进行分析。

   [A] 512　　　　[B] 256　　　　[C] 128　　　　[D] 64

7. 碳氧比测井仪（RMT）的能谱测量系统有 1 个中子发生器和（　　）个探头。

   [A] 1　　　　　[B] 2　　　　　[C] 3　　　　　[D] 4

8. 声波变密度仪采用记录声波幅度来评价水泥胶结质量，CBL 记录（　　），

VDL 则记录全波列的幅度。

  [A] 首波幅度　　　　[B] 全波列的幅度　　[C] 最大波的幅度　　[D] 平均幅度

9. SGDT100M 伽马测井仪由（　　）个探头组成，可以测量沿井周 8 个方向的水泥密度和套管厚度以及自然伽马测井曲线。

  [A] 10　　　　　　　[B] 9　　　　　　　[C] 8　　　　　　　[D] 7

10. MID-K 电磁探伤测井仪有 1 个纵向探头、（　　）个横向探头。

  [A] 1　　　　　　　[B] 2　　　　　　　[C] 3　　　　　　　[D] 4

11. 惯性液体密度短节 FDI001 音叉传感器的响应频率及幅度与被测流体密度呈（　　）。

  [A] 无相关性　　　　[B] 正比　　　　　　[C] 反比　　　　　　[D] 对数关系

12. SONDEX 公司 MAPS 成像生产测井仪器中的电阻阵列 RAT 应在（　　）中进行刻度，在水和油中进行校准。

  [A] 盐水　　　　　　[B] 清水　　　　　　[C] 煤油　　　　　　[D] 空气

13. SONDEX 公司 MAPS 成像生产测井仪器中的电阻阵列 CAT 在水中的值一般为（　　）。

  [A] <50　　　　　　[B] <60　　　　　　[C] <70　　　　　　[D] <80

14. 六扇区水泥胶结测井仪 RBT003 刻度检查时，对仪器探头阻值进行匹配调节的顺序为（　　）。

  [A] 扇区—近—远　　　　　　　　　　[B] 扇区—远—近

  [C] 远—近—扇区　　　　　　　　　　[D] 近—远—扇区

15. MIT 多臂井径测井仪为了确保测量精度，仪器具备（　　）参数的测量，以校正测量臂受井内环境变化的影响。

  [A] 压力　　　　　　[B] 磁定位　　　　　[C] 井温　　　　　　[D] 持水率

16. MTT 电磁测厚测井仪径向分辨率在 5″ 以下套管可以达到（　　）覆盖。

  [A] 70%　　　　　　[B] 80%　　　　　　[C] 90%　　　　　　[D] 100%

（二）多选题

1. 七参数测井仪一次下井可同时获取磁性定位、（　　）、井温、密度和持水率等参数。

  [A] 钻井液电阻率　　[B] 自然伽马　　　　[C] 压力　　　　　　[D] 流量

2. SWFL 多功能水流测井仪井下仪器部分由（　　）和加长采集短节组成。

  [A] 遥传短节　　　　[B] 上采集短节　　　[C] 发生器短节　　　[D] 下采集短节

3. TCFR6561 过套管电阻率测井仪采用现场测井刻度方法，以下说法正确的有（   ）。

[A] 通常选择稳定的泥岩层为刻度层段

[B] 用裸眼井 GR 和 CCL 曲线对深

[C] 仪器在每口井的刻度系数一定相同

[D] 对比裸眼井同深度的电阻率数值，确定工程转换刻度系数 K

4. 氯能谱测井仪通过（   ）和（   ）交汇来计算地层含油饱和度。

[A] 氯函数　　　　[B] 孔隙度　　　　[C] 渗透率　　　　[D] 碳函数

5. AMK2000 固井质量检测组合仪主要包括（   ）、（   ）和 GKL 伽马磁定位短节。

[A] MAK9 声波测井仪　　　　　　　[B] SGDT100M 伽马测井仪

[C] MID-S 电磁探伤测井仪　　　　　[D] MID-K 电磁探伤测井仪

6. 对比 MID-K 电磁探伤测井仪与 SONDEX 的 MTT 电磁测厚测井仪，以下说法正确的是（   ）。

[A] MID-K 的优点是探测距离远

[B] 记录远场涡流幅度相位信息

[C] MTT 磁测仪 1 个发射 12 个接收，测厚精度更高

[D] MID-K 与 MTT 可同时探测双层管柱

7. SONDEX 公司 MAPS 成像生产测井仪包括（   ）、（   ）和（   ），可以完成大斜度井和水平井的流体阵列成像测井。

[A] 电阻阵列 RAT　　　　　　　　　[B] 涡轮阵列 SAT

[C] 电容阵列 CAT　　　　　　　　　[D] 感应阵列 FAT

8. MTT002 电磁测厚测井仪的 6 个接收器检测返回磁波的（   ）和（   ）。

[A] 速度　　　　[B] 振幅　　　　[C] 频率　　　　[D] 周期

（三）判断题

1. 七参数组合测井仪中，电容式含水仪在井内高含水的情况下，仍可得到精确的响应。

2. 边测边调就是一边测量流量一边调整注入流量。

3. 超声波流量计在空气中没有基值，在水中有值。

4. SWFL 多功能水流测井仪中子脉冲占空比为 10%、15%、20%、25% 四种。

5. TCFR6561 过套管电阻率测井仪室内模拟盒检测线性的最大误差是 ±7%。

6. 俄罗斯宽能域测井仪记录岩层自然伽马射线谱能量范围为 0.1～3MeV，记录俘获伽马射线谱能量范围为 0.1～8MeV。

7. 碳氧比测井的优点是不受地层水矿化度的影响，也不受地层孔隙度的影响。

8. 自由套管、套管外无水泥和第一、第二界面均未胶结的情况下，声波变密度测井的声能很少耦合到地层，套管波能量很强。

9. AMK2000 固井质量检测组合仪的声波模拟信号和曼码数字信号采用一对缆芯分时传输，通过地面系统分时解码处理。

10. MID-K 井下仪器电路 MID_PAU2 板功能是井下通信控制，信号采集放大。

11. 惯性液体密度短节 FDI001 刻度时需要进行高刻及低刻，在水中进行的刻度为低刻，此时刻度点的密度值为 0g/cm^3。

12. SONDEX 公司 MAPS 成像生产测井仪器电阻阵列 RAT 的 12 个电阻传感器是围绕井筒横向展开的。

13. SBT 扇区声波测井仪 VDL 发射换能器发射 22kHz 的声波，用间距为 5ft 的接收器记录变密度波形，以便更好地识别套管波和地层波。

14. 八扇区水泥胶结测井仪 RBT004 测井作业后必须检查声波探头，确保声波探头腔体内硅油状态完好。

15. MIT 多臂井径测井仪监测电动机运行电流，连续出现四次电流异常后，电动机将停止运行，确保电动机运行安全。

16. MTT 电磁测厚测井仪的 AC 磁波发射器的驱动频率可以根据被测套管的壁厚设置，壁越厚频率越高，壁越薄频率越低。

（四）参考答案

单选题

1. B；2. D；3. D；4. A；5. D；6. B；7. B；8. A；9. A；10. B；11. C；12. D；13. D；14. B；15. C；16. D

多选题

1. BCD；2. ABCD；3. ABD；4. AB；5. AB；6. ABC；7. ABC；8. AB

判断题

1. ×；2. √；3. √；4. ×；5. √；6. √；7. ×；8. √；9. √；10. ×；11. ×；12. ×；13. √；14. √；15. ×；16. ×

八、专业知识：随钻测井仪系列

（一）单选题

1. 钩载压力传感器由离子束溅射压力传感器与信号调制电路组成，适用于流体压力的检测，具有精度高、能长期在恶劣环境下稳定工作的特点，输出标准的（　　）mA 电流信号。

　　[A] 4～20　　　　[B] 6～18　　　　[C] 3～22　　　　[D] 5～15

2. 常规 MWD 井下仪器通常分为（　　）、电池筒短节、定向测量短节等部分。

　　[A] 脉冲发生器　　[B] 钻铤　　　　[C] 伽马短节　　　[D] 电阻率短节

3. 由正脉冲发生器所产生的液动压力的变化经（　　）传到地面，被传感器检测。

　　[A] 钻杆　　　　　[B] 钻铤　　　　[C] 钻井液　　　　[D] 传感器

4. 随钻电磁波电阻率仪器随着地层电阻率的增加，电磁波的波速和波长（　　），旅行时（　　）。

　　[A] 增加、增加　　[B] 减少，减少　　[C] 减少、增加　　[D] 增加、减少

5. RIT 随钻方位侧向电阻率成像仪器发射电路控制器产生频率为（　　），幅度可调的离散正旋信号，经 DAC 和滤波器处理为正弦波信号，送入功率放大电路放大后驱动发射线圈向地层发射。

　　[A] 1Hz　　　　　[B] 2kHz　　　　　[C] 400kHz　　　　[D] 2MHz

6. RIT 随钻方位侧向电阻率成像仪器采用（　　）多发射天线结构，实现了三种探测深度的电阻率测量。

　　[A] 伪对称　　　　[B] 非对称　　　　[C] 对称　　　　　[D] 交叉

7. Q 系列随钻测井仪包括（　　）、定向探管、脉冲发生器/发电机。

　　[A] 导向头　　　　[B] 钻具　　　　　[C] 芯棒　　　　　[D] 内铤

8. 为提高随钻伽马成像方位识别能力，探测器背部安置了（　　）屏蔽材料。

　　[A] 铅　　　　　　[B] 铁　　　　　　[C] 镐　　　　　　[D] 钨镍铁

（二）多选题

1. 正脉冲发生器是一个机电液一体化设备，它主要由（　　）组成。

　　[A] 主阀　　　　　[B] 溢流阀　　　　[C] 控制阀　　　　[D] 启动阀

2. 当电磁波离开发射天线 T 传播时，波要经过多个介质，包括钻铤、（　　）和原状地层，接收天线 R_1、R_2 接收到传播过来的电磁波。

[A] 井眼钻井液　　　[B] 滤饼　　　　[C] 冲洗带　　　　[D] 地层过渡带

3. 可控源中子孔隙度随钻测井仪由（　　）组成。

[A] 中子发生器短节　　　　　　　　[B] 钻铤

[C] 中子探测器　　　　　　　　　　[D] 数据处理短节组成

4. 伽马成像随钻测井仪主要由（　　）固定连接组件（固定螺栓、盖板等）、钻井液导流套构成。

[A] 钻铤本体　　　　　　　　　　　[B] 伽马传感器组件

[C] 磁力计系统组件　　　　　　　　[D] 电子线路组件

（三）判断题

1. 在冬季施工作业，不需要对仪器的压力传感器进行防冻保护处理。

2. 使用 LWD 仪器进行地质导向施工时，必须同时使用压力传感器、钩载传感器、深度传感器。

3. 可控源中子孔隙度随钻测井仪使用的是可控源，所以操作不需要保护。

4. 仪器在地面发射中子时，工作现场须有屏蔽物屏蔽中子，屏蔽物为含氢物质，水是最好的屏蔽物质，水直径大于 1m，则可防护中子。

5. 旋转导向系统采用推靠板或者弯曲钻柱的手段，实现导向和工具面控制。

6. 用标定的随钻自然伽马刻度器对自然伽马测井仪进行刻度，称为自然伽马二级刻度。

7. Q 系列随钻测井仪导向头里的次级电子仓无压力传感器。

8. Q 系列随钻测井仪定向探管断路器电路，减小由于大电流形成的磁场干扰。

（四）参考答案

单选题

1. A；2. A；3. A；4. D；5. B；6. A；7. A；8. D

多选题

1. ABC；2. ABCD；3. ACD；4. ABCD

判断题

1. ×；2. √ 3. ×；4. √；5. √ 6. √；7. ×；8. √